ベイズ統計学

やさしく知りたい先端科学シリーズ1

松原望

創元社

ようこそ

近頃、「ベイズ統計学」という言葉をよく聞きます。今までの統計学とは何が違うのでしょうか。日常のいろいろな局面で使わているらしいけれど、一体どんなところで使われているのでしょうか。人工知能・AI が「ベイズ統計学」の力で大きく発展した、と聞くけれど、どういうしくみになっているのでしょうか。

「わからない」ということからまず一歩踏み出して、自分の考えから世界を知ろうとする、それが「ベイズ統計学」です。これは科学の姿勢そのものでもあります。

ではさっそく、不思議なほどシンプルな「ベイズ統計学」の世界へ踏み出してみましょう。

「やさしく知りたい先端科学シリーズ」は、現代を生きる私たちの身の回りにある高度な科学や技術、その周囲にある出来事や物事をできるだけ平易な説明とイラストで解説するものです。

※著者サイト「QMSS ＋」 https://bayesco.org/top/

目 次

はじめに — 10

CHAPTER 1
ベイズ統計学の紹介

1-1 ベイズで磨く直観と感性 — 14
確率を知ることで新しい世界を知る

1-2 夢や期待を数字にしてみた — 20
宝くじの本当の価値はおいくら？

1-3 幸運の組み合わせは何通りか — 24
ロイヤル・ストレート・フラッシュの数学

1-4 キモチを確率する — 28
チョコレートに込められた何％の想い

1-5 ベイズ推定で想定する — 32
本当にガンの確率を計算する

1-6 ベイズの定理で世界を知る — 36
壺と玉の問題

練習問題 — 42

Introduction to Bayesian statistics

CHAPTER

ベイズ統計学で人工知能入門

2-1 四則演算でOK！ —— 48
エクセルで人工知能を自作

2-2 キモチとは文系？理系？その両方 —— 52
気持ちの変化こそベイズ更新

2-3 キモチがフィット、心はシグモイド関数 —— 56
刺激と反応の関係

2-4 有利・不利の「スコア」を定める —— 60
前向きと後向きでは歩幅が違う

2-5 量的なエビデンスへの応用 —— 64
ベイズの定理を分布へ拡張

練習問題 —— 68

*Introduction to
Artificial Intelligence
In Bayesian statistics*

CHAPTER 3
ベイズ統計と確率分布

- *3-1* ベイズ統計学の7つ道具 —— 72
  まずは確率分布から

- *3-2* パラメーター —— 78
  データの中に潜む宝石はあるか

- *3-3* 事前分布 —— 82
  まずは、自分で決めることにした

- *3-4* 事後分布 —— 86
  考えが改まるのがベイズ

- *3-5* ポアソン分布に対するベイズ推論 —— 90
  滅多にないことでも、気をつけて！

- *3-6* 正規分布に対するベイズ推論 —— 94
  なぜか、そういう形になってしまう

- *3-7* 階層モデル（ハイアラーキ型） —— 98
  複数の「分布」をまとめる「分布」

練習問題 —— 103

Bayesian statistics and probability distributions

CHAPTER

4

ベイズ統計学の
応用と
具体的実例

4-1 因果のネットワーク —— 106
やはり因果関係は大切

4-2 あなたもベイズ探偵！ —— 108
確率で決めてみよう

4-3 医学的意思決定判断 —— 112
人工知能はベイズで命を救う

4-4 あやめのベイズ判別 —— 116
線形判別関数で「かたち」の認識を行う

4-5 判別分析で
ワイン・テイスティング —— 122
判別分析でヒトの味覚に迫る

練習問題 —— 127

Application of Bayes statistics
to
Practical examples

CHAPTER 5
運動と制御とベイズ統計学

- **5-1** ナビゲーション・システム — 130
  変化しつづけるイマとココを追う

- **5-2** 運動方程式と観測方程式 — 134
  状態の動き方を方程式にする

- **5-3** カルマン・フィルターのアルゴリズム — 138
  ベイズで高精度にイマとココを知る

- **5-4** 自動運転 — 144
  ベイズ統計学搭載の夢の技術

- **5-5** 意思決定 — 148
  ベイズ意思決定とシステム制御問題

練習問題 — 154

CHAPTER 6
ベイズ統計学 まとめと発展

6-1 学習の心構え —— 158
統計学と人工知能の行き先

6-2 研究課題 —— 162
これからの興味や問題のために

LESSON —— 167

おわりに —— 168

さくいん —— 170

参考書籍 —— 174

Bayesian Statics
Summary and perspective

はじめに

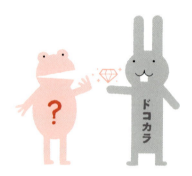

水準が高くわかりやすいベイズ統計学への入り口

この本のおすすめ先は、社会人、大学生そして好奇心のある高校生です。すなわち、高等教育を受けた人、受けている人、これから受けようとしている人々に、水準の高いベイズ統計学の学問の面白さ、有用性をお伝えするものです。水準が高いから難しいと誤解するかもしれませんが、本当の意味で水準が高いことは、読者のために「わかりやすい」ことを含みます。なぜなら、難しければ内容は理解されませんから、水準が高い低い以前ではありませんか。この本の特徴は「わかりやすく」「面白く」「ためになる」、いわゆる「松原3モットー」です。

すくっと伸びる大樹も地下ではAIに

ベイズ統計学は統計学の新機軸です（実はそのルーツは1700年代までさかのぼるので、「リバイバル」とも言えましょう）。これは従来の統計学、普通皆さんが大学で学んだ統計学が古いとか、役立たずという意味ではなく、かえってそれも理解力の基盤となるということですが、ベイズ統計学は「ベイズの定理」だけがただ一つの仮定で、シンプルでわかりやすく人間的、さらに個人主義的とさえ言

えます。理論的にもあいまいな点が少なく、太い幹がすくっと空に向かって伸び、大きな枝や葉を張っている感じです。非常に成長力が旺盛で、地下ではAIにつながっていると考え、そこをしっかりと解説したのがこの本のメリットです。

この本の説明

この本では確率は0（0%）から1（100%）の実数の値で表記しています。たとえば10回に1回の確率、10％なら0.1です。また、統計上の計算にMicrosoft Excel（以下、エクセル）を使用しています。自宅や職場、学校でもエクセルに慣れ親しんでいる人も多いかと思います。ベイズ統計学に親しめるように、出力結果は厳密な数字で表記せず、統計学的に有効なわかりやすい値で、四捨五入したり丸めたりしています。この本で使用している統計データは仮想のもので、できるだけわかりやすい形に整理したものです。実際のものとは異なります。

なお、この本ならびに統計学の基礎に関する総合的情報は下記に掲載しております。

http://www.qmss.jp/portal/

CHAPTER

ベイズ統計学の紹介

Introduction to Bayesian statistics

CHAPTER

ベイズで磨く直観と感性

確率を知ることで新しい世界を知る

> 確率を知れば、世界がわかります。
> 確率を知れば、世界がかわります。
> 半分も見えていなかった
> 新しい世界を知ることになるのかもしれません。
> では早速、あなたの人生を
> ちょっと面白い方向へかえてみませんか？

「確率」でおたずね

AI（人工知能）の将棋プログラムが、人間の名人に平手（駒落ちハンデなし）ではじめて勝利したのは2010年のことでした。このコンピューター将棋プログラム、今後プロ棋士に対しては、次の1、2のどちらでしょうか？

Key Word AI（人工知能）▶コンピューター上に人工的に人間の知能のモデルを構成したプログラム。映画に登場する人工知能としては『2001年宇宙の旅』のHAL9000が有名。

正解は「**2. 必勝ではない**」です。将棋の指し手はきわめて多いどころか、絶望的に多く、コンピューターでも地球の最後まで計算しつづけても終わりません。人工知能はそこをどうやって突破するかという「知恵」を持っています。その知恵は「確率」です。確率はアタリ、ハズレのメカニズムで、もちろんアタリの確率は大きいのですが、**人工知能だって時には運の悪い場合は悪手を打つ**。そういう場合はプロ棋士なら勝てるでしょう。

人工知能とは、人間の知恵や知能をコンピューターに教え込み、その計算プログラムにしたがって、コンピューターが高速計算し、人間の計算の速度や能力、範囲をこえているように見える、というしくみです。その意味では、人間＝先生、コンピューター＝生徒ということを理解することが大切です。単純なことであれば、生徒が一生懸命がんばって、先生をこえることは可能です。その分野では人間が人工知能に代わってしまうことはありえます。これは**シンギュラリティ**といわれています。

Key Word シンギュラリティ▶解析学用語では「特異点」。AIとナノ技術の指数関数的進展が人間生体の全能力を超越していく、という考え。計算機科学者レイモンド・カーツワイルの発表した「進化の6つのエポック」が有名。

横道にそれますが、もともと教えることができない事柄は、生徒に教えられません。哲学や倫理、宗教的信仰、美的創造の感覚は教える側（教師）固有のものです。レベルの低い単純な禁止ルールや約束事（道路交通法の右折禁止など）を機械に教えることはできても、倫理、道徳のような人間でさえ完全な結論を出すことができない、高度な問題を判断することはできないでしょう。人工知能の専門家でも、できると思っている人は少ないはずです。

ですから、以下の2つが人工知能の知恵です。

さて、将棋では、各場面から分かれていく指し手の数（分岐数）は35手くらいとされています。考えてみましょう。たとえば、最初の場面ではやや少なく30手あります。内訳はこんな具合です。

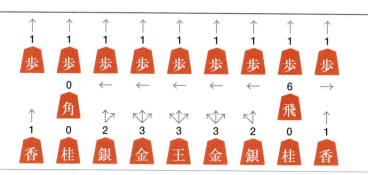

最初に動かせる方向×最初の枚数

歩……1×9　　香車…1×2
銀……2×2　　金……3×2
飛車…6×1　　王……3×1　　**計30通り**

勝負1局の手数は平均80手とされていますから、ざっと見て、

35×35×35×35×35×35×35×35×35×35×35×35×35×35×35×35×35×35×
35×35×35×35×35×35×35×35×35×35×35×35×35×35×35×35×35×35×
35×35×35×35×35×35×35×35×35×35×35×35×35×35×35×35×35×35×
35×35×35×35×35×35×35×35×35×35×35×35×35×35×35×35×35×35×
35×35×35×35×35×35×35×35

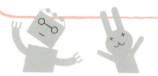

だけの場合があることになります。これは桁数だけなら124桁だけあり、

いくら何でもコンピューターでも無理です。このような「全数サーチ」「しらみつぶし」「絨毯爆撃」方式では、計算能力でも人工知能は万能ではないことがよくわかります。

そこを突破する人工知能のエースが「確率」です。実際、人間は上のようにすべての手を考えるわけではありません。たとえば、最初の局面では30手をみな同等に考えるよりは、「角道を開ける」「飛車先の歩を突く」など少数のよくとられる**インテリジェントな定跡**があり、ほかはおしなべて確率が低いのです。ルール上では可能な手は数多くありますが、そのほとんどは無意味な手で、実際に（特にプロ棋士なら）「次の一手」の候補は格段に限られてくる。その候補を統計的に取り込み、確率として入れ込めば、原理的に人工知能が出来上がります。文字通り「教師」として1からコンピューターに教えてあげるわけです。では実際にある局面で見てみましょう。

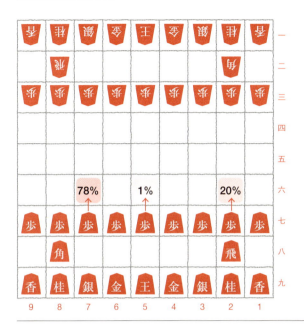

将棋先手1手目の「定跡」。過去の棋譜による、将棋の初手の統計の結果。7六歩は「角道を開ける」で78％、2六歩は「飛車先の歩を突く」で20％。それぞれ「定跡」と呼ばれる、囲碁の場合は「定石」という。

ここで、▲7六歩打は誰でもすぐ思いつくし、▲2六歩、▲5六歩などは攻略の第一歩でしょう。実際、この確率が機械学習の**多項ロジット分析**から次のように計算され、人間の思考を再現していることがわかります。

▲7六歩	▲2六歩	▲5六歩 ……
0.78	0.20	0.01 ……

こうして、確率の高い手が打たれ、それに対する棋士の手も読まれてしまいますが、他方非常に低い手は捨てられて考慮外になるので、そこを棋士から突かれれば人工知能側が負ける可能性は0ではなくなるのです。

Key Word　多項ロジット分析▶ロジスティック関数はある量 x によって引き起こされる、0から1の確率（反応）を与える非線形回帰モデルであるが、x を単独でなく複数想定するモデル。

CHAPTER

夢や期待を数字にしてみた
宝くじの本当の価値はおいくら?

> 「夢見がちな人だ」と人は言うかもしれません。
> しかし誰だって夢を見ます。
> 夢見ることや希望を持つことに
> あなたならいくら払うことができますか?
> 期待値を計算してみましょう。

確率を計算してみる

今度は、確率の計算の本番になります。どちらか決めてください。
東京数寄屋橋の宝くじ売り場には、今日も夢を求める長蛇の列が……。「確率」の計算からは、宝くじを買うべきか否か?

確率の計算からは、と言っていますから、これからそれを計算しますが、正解は「**2. 買うべきでない**」となります（もちろん、**人は必ずしも理論通りに行動してはいません**から、買う人が間違った行動をしていると言っているわけではありません）。では確率を用いた計算とはどんなものでしょうか。東京都が発行した、とある回の宝くじは1,300万枚あります。当せんの等級、当せん金の額、当せん本数は表のようです。

等級	当せん金	本数
1等	40,000,000	7
▶前後賞	10,000,000	14
▶組違い賞	200,000	903
2等	10,000,000	5
▶組違い賞	100,000	645
3等	1,000,000	130
4等	140,000	130
5等	10,000	1,300
6等	1,000	26,000
7等	200	1,300,000
空くじ	0	11,670,866
計		13,000,000

宝くじ当せんの等級、金額、本数（例）。当せん金の大きさをみれば「買ってみよう」という気持ちになるが、当せん本数の少なさをみれば「やめておこう」という気持ちにもなる。余談ではあるが、くじの場合「当選」ではなく「当籤」が本来は正しい。

そこでまず、すべての場合が同じように起こるとすれば、

出来事Aの確率＝Aの起こる場合の数÷すべての場合の数

割るほうより割られるほうが小さいので、確率は必ず1以下の数になり、1（100％）に近いほど確率は高く、出来事は起こりやすくなります。0.1、0.01、0.001、…はそれぞれ10、100、1,000回に1回、あるいは10、1、0.1％のことであり、特に小さい確率は、たとえば0.001は10^{-3}のように位取りの位置で示すことにします。10^{-6}は100万回に1回、100万分の1です（エクセルでは上付き数字が無理なのでE-6などと表示されます）。計算してみましょう。

等級	当せん金	本数	確率*	備考
1等	40,000,000	7	0.0000005	約1,000万分の5
▶前後賞	10,000,000	14	0.0000011	約100万分の1
▶組違い賞	200,000	903	0.0000695	
2等	10,000,000	5	0.0000004	
▶組違い賞	100,000	645	0.0000496	
3等	1,000,000	130	0.0000100	10万分の1
4等	140,000	130	0.0000100	
5等	10,000	1,300	0.0001000	1万分の1
6等	1,000	26,000	0.0020000	1,000分の2
7等	200	1,300,000	0.1000000	10分の1
空くじ	0	11,670,866	0.8977589	
計		13,000,000	1.0000000	

*確率は 0（0%）から 1（100%）の実数の値で表記しています。たとえば 10%なら 0.1 です（表は小数点8桁以下を四捨五入）。

1 等 4,000 万円は、実に 1,000 万回中約 5 回と実に起こりにくい事象であるのがわかります。はたして一生買いつづけて当たるでしょうか？　このまれな出来事をアンラッキーな事象で言い換えますと、**交通事故にあって死ぬ確率と同じくらい**ですね。当たれば 4,000 万円ですが、「当たれば」ですから、これほどに小さい確率を考えたうえでは、4,000 万円の価値は「夢」「かげろう」「ファンタジー」のように淡く小さくなります。確率とは、現実主義者の「警告」のようでもあります。夢が消えたと、まだ落ち込むことはありません。もちろん、1 等以外も価値に加えなければならないでしょう。その際、確率も考慮して、

（当せん額×確率）の合計

これが、宝くじの本当の金銭的価値です。やってみました。

4,000万×（7÷1,300万）＋1,000万×（14÷1,300万）＋...
＋200×（130万÷1,300万）≒89.4（販売価格の約44.7%）

となります。読者の皆さんもやってみてください。

一般に、**量×確率の和を「期待値」**と言います。1枚200円の宝くじは約44.7％、すなわち約89.4円の期待値しかありません。つまり確率計算から、**金銭的な面では宝くじを買うのは損**ということになります。

末等は200円、購入コストをカバーできる額ですが、番号の1の位で当せんが決まりますから確率10分の1です。この確率は宝くじ中最大ですが、それでも感覚ではやはり小さく、たった1枚買ってコストをカバーするだけでも大変です。

宝くじの大部分は「多空(たから)くじ」と言う人もいます。しかし他方、誰かは現実に4,000万円を当てていますし、それが自分であればいいわけです。その**心理的願望や楽しみは価値がある**（はずれるまで）。それが少なくとも200−89.4＝110.6円以上あると考えれば、人が宝くじを買う行動は正当です。

というわけで、宝くじは確率的に得も損もある「賭け」です。これはよく意識されているので、損しても（実際それが圧倒的な損失だとしても）抗議する人＊はいません。

＊株式など証券投資も同じく「賭け」なのに、損をして抗議する人がいます。それは不合理なのですが、実情は売り手は買い手が損の可能性もあることをあらかじめ告知していません。確率的だから「必ずもうかる」の「必ず」がそもそも誤りのはずです。同様に「必ず損する」も誤りです。これからは、ライフ・プランニング、フィナンシャル・プランニングも確率的要素を考える時代となりました。

Key Word 期待値▶確率的な利得額の平均的な値。その値より大きければラッキー、小さければアンラッキーと考えられる。賭けの平均当たり額。

CHAPTER

幸運の組み合わせは何通りか
ロイヤル・ストレート・フラッシュの数学

> あれがない、これがないと
> 誰もが嘆いているけれど、結局は
> 手元のカードで勝負するしかないのです。
> あけてビックリ、そういうこともあるかもしれません。
> 「ポーカーフェース」の本当の意味は？
> このゲームに乗りますか、それとも降りますか？

少し頭をつかう確率計算

ポーカー・ゲームでトランプ・カードの全部の山から5枚をランダムに（偶然に）取るとき、5枚が同じマークの10、J、Q、K、Aになることは次のどれと、あなたは考えますか？

1. 絶対起こらない
2. きわめてまれで、まず起こらない
3. 起こらないとは言い切れない
4. ポーカーをやる以上、起こると考えている

まず、この組み合わせ（手）は「ロイヤル・ストレート・フラッシュ」と言われます。これだけ揃うのは非常にまれでめったに出ませんが、出る可能性のあることだけは確かで、1は誤りです。「非常に起こりにくい」と「起こらない」は区別しなくてはなりません。

ロイヤル・ストレート・フラッシュの組み合わせは4通りだけ。スート（マーク）は同じスートで揃っていなければ手（ハンド）にならない。

さて、ロイヤル・ストレート・フラッシュは、ポーカーの中では最も出にくく、したがって最強ですが、その「幸運」の確率を求めましょう。練習です。
「最強の幸運」は上に挙げた4通りだけです。次に、5枚の配られかたのすべてのケース（場合の数）を求めます。最初の1枚、次の1枚と数えていくと、

$$52×51×50×49×48通り$$

ありますが、[○△◇□×]も[×△○◇□]も同じ組み合わせで1グループですから、「1つ」と考えなくてはいけません。この「1つ」のグループには○△◇□×の5種類を並べる順序の数だけ組み合わせはあります。つまり、

$$5×4×3×2×1通り$$

です。こういうグループ分けをすれば、できるグループの数は結局分数で、

$$\frac{52×51×50×49×48}{5×4×3×2×1}$$

025

となります。電卓やエクセル、暗算でもいいので計算してみると、

2,598,960通り

となります。たった5枚の組み合わせですが、約260万通りで結構あります（ちなみに、京都府の人口が約260万人で、5枚のカードの組み合わせにおおむね対応します）。ポーカーを毎日やっていても、なかなか同じ組み合わせには出会いません。だから面白いとも言えます。

さて、4 ÷ 2598960 を計算して確率を求めましょう。

約1.5×10⁻⁶ つまり 0.0000015（100万回に1～2回）

となります。いずれにせよ、確率は小さいが0ではなく、**「絶対起こらない」**は**誤り**です。他の手の確率も強さの順に求めておきましょう。

手（ハンド）	組み合わせ	確率
ロイヤル・ストレート・フラッシュ	4	0.0000015
ストレート・フラッシュ	36	0.0000139
フォーカード	624	0.0002401
フルハウス	3,744	0.0014406
フラッシュ	5,108	0.0019654
ストレート	10,200	0.0039246
スリーカード	54,912	0.0211285
ツーペア	123,552	0.0475390
ワンペア	1,098,240	0.4225690
ノーペア（役なし）	1,302,540	0.5011774

ポーカーの手（ハンド）一覧。組み合わせが少ないほど、起こる確率は少ない。ポーカーの場合、自然に起こる確率の少ない手ほど、強い手になっている。

確率は0（0%）から1（100%）の実数の値で表記しています。たとえば10%なら0.1です（表は小数点8桁以下を四捨五入）。

見てください。確率が小さいものから大きいほうへ整然と並んでいて、逆転が見られません。ポーカーをつくった人は知られていませんし、数学者が教えたとは考えられません。たぶん自然に出来上がったもので、**順序も直観と経験の積み重ね**の結果でしょう。頭脳的なゲームのスマートさを感じさせます。

さて、非常に小さい確率をどう考えるかです。小さすぎて、論理よりはむしろ心理の出番でしょう。「2. きわめてまれで、まず起こらない」、「3. 起こらないとは言い切れない」、「4. ポーカーをやる以上、起こると考えている」はどれも可能な考え方、感じ方です。

2. は無視とか考慮外の態度、3. は無意識では願望の態度、4. は参加の動機にさえなっている。2. を選ぶ人は「ポーカーに参加する気持ち」と矛盾しかねません。ゲームからは降りたほうがよいでしょう。ポーカーをやる以上、3. あるいは4. が該当するでしょうか。このように、確率と心理は意外にも隣り合う部分があることがわかります。本当にそうですか？ それがベイズ統計学の興味深いところです。

「ゲーム理論」をはじめて提唱したジョン・フォン・ノイマンはチェスなどのゲームにまったく関心を示さず、人間最高のインテリジェント・ゲームはポーカーなど確率のゲームであると見抜いていました。それでは、確率という心理の橋渡しとなるベイズ統計学について、さらに詳しく学んでいきましょう。

〈ポーカー・フェース〉ポーカーは神経戦の駆け引きの訓練の場です。あなたにロイヤル・ストレート・フラッシュがきたらどうしますか。確率100万分の1から2の幸運の、最強で必勝のチャンスです。しかし、うれしそうな顔をしていてはいけません。それを見て取った相手は警戒しゲームを降りるでしょう。パスです。これではあなたの幸運は水の泡で、泣くに泣けません。「何食わぬ平然とした顔」（ポーカー・フェース）をすることで相手も勝負に入ってきますから、そこヘズバリあなたのロイヤル・ストレート・フラッシュをご披露すれば、もちろんこの勝負は、絶対必勝です。

CHAPTER

キモチを確率する
チョコレートに込められた何％の想い

> 機械が人の心を計算するとしたら、
> そのキモチ＊は機械がわかる言葉で
> 表現されている必要があります。
> 確率で想いが数字に現れるとしたら…
> たとえば2月のこんな話から。

人工知能のアドバイザー

ピアソン君（以下Ｐ君）はバレンタインデーの頃、ある気になる女性からチョコをもらいました。やった！と思って今朝読んだ朝刊には、こう書いてありました。「デパートでチョコが飛ぶように売れているけれど、義理チョコ目的での購入が目立つ」。えっ、**そうなの？** このチョコに込められた気持ちが知りたくて、Ｐ君は仕事が手につかなくなってきました。

＊人工知能に係る「気持ち」は
「キモチ」とカタカナで表記しています。

あなたは**人工知能アドバイザー**となり、このデータを使ってP君のために、少しでも悩みの解決の助けをしてあげてください。データは2つあります。

　Ⓐ **彼女がP君を好き（本命）かそうでない（論外）かは、以前からまったくわからず、五分五分とします。**

Ⓐは前もっての確率で事前確率と言います。

　Ⓑ **バレンタインデーの日に女性から：**
　　　・ 本命にチョコを渡す確率は0.6（＝渡さないは0.4）
　　　・ 論外でも、チョコを渡す確率は0.3（＝渡さないは0.7）

（以上の例、以下の分析法は経済学者の小島寛之氏によります）

P君の悩みはそもそも**「義理チョコ」の可能性**に気づいたことです。とすれば本命のチョコもあるわけで、これから何とか「本命」か「論外」かを確かめたいのです。いずれの場合もチョコはもらっているわけですから、両方の可能性とも残っています。この場合の確率は日常の心理や行動に関連づけられます。さらにいえば高度にインテリジェントなものになり、今までの例とはずいぶん様相が違います。確率はいっそう心理に接近していきます。**人工知能が人の気持ちを知ろうとするなら**こういう計算を行っているでしょう。

　①**本命&チョコあげる**　　50%のさらに60%→0.5×0.6＝0.3
　②**本命&チョコあげない**　50%のさらに40%→0.5×0.4＝0.2
　③**論外&チョコあげる**　　50%のさらに30%→0.5×0.3＝0.15
　④**論外&チョコあげない**　50%のさらに70%→0.5×0.7＝0.35

このかけ算がわからないなら、次の図を見てください。面積で計算されていますが、確率は面積なのです（ただし**全面積＝1**）。

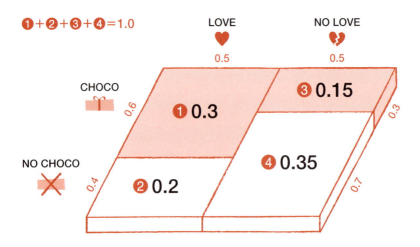

チョコをくれたのですから①＋③＝0.45 だけになります。あとは成り立ちませんから無視して（あるいは消して）ください。そして、残ったうち「本命」が 0.3、「論外」が 0.15 ですから、チョコをくれた中での確率（「**条件付き確率**」と言います）は、割合からで2対1（2：1）となりました。

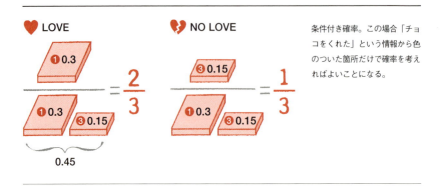

条件付き確率。この場合「チョコをくれた」という情報から色のついた箇所だけで確率を考えればよいことになる。

Key Word　**条件付き確率**▶一般にどんな確率も前提や条件があるが、確率を条件を明示して表す考え方で、ベイズの定理はその典型。

人工知能アドバイザーはこうアドバイスするでしょう。「P君、あの子の君への気持ちはバレンタイン前の五分五分から、**新しく2倍も有望になったよ！**」

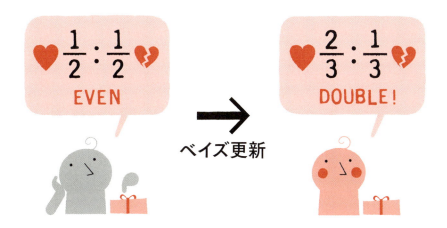

以上の計算に用いた公式を**「ベイズの定理」**と言います。ベイズの定理の中身そのものについては後ほど説明します。とりあえず言葉だけ憶えておいてください。

上図の矢印の変化を**「ベイズ更新」**と言います。「本命」のほうが「論外」よりもチョコをくれやすいのですから、チョコをもらった以上、本命の可能性が高まったのは論理の筋としても心理的にも当たり前ですね。**ベイズの定理は人のキモチを表している**として「人工知能」の原理そのもの、ということもできるでしょう。

この節の、「ラブチョコレート問題」は、第2章でさらにベイズ統計学と人工知能の橋渡しをして内容を深めていきますが、今はさまざまな局面でのベイズの定理について見ていきましょう。

Key Word　ベイズの定理 ▶ $P(A|B) = \dfrac{P(B|A)\,P(A)}{P(B)}$ と一般に式で表される。

CHAPTER 

ベイズ推定で想定する
本当にガンの確率を計算する

ガン診断で陽性となったら
100％あなたはガンなのでしょうか？
ベイズの定理、ベイズ更新を知れば
数字の印象が変わってきます。
ただし、使い方に注意が必要です。

ある年齢の人口中で、250人に1人がかかるガン（罹患率0.4%〈0.004〉）の簡易検査の結果がF氏は陽性だった。この検査は、そのガンに罹患している人は80%（0.8）の確率で陽性と診断されます。一方で健康な人でも10%（0.1）の確率で陽性と診断されてしまいます。人工知能アドバイザーになってF氏に判定するとしたら、次のうちどうしますか？

Key Word　**事前確率** ▶ 結果の判明以前に、事前の情報ないしは個人的確信あるいは主観から導かれた確率で、ベイズの定理に援用される。従来の頻度論的統計学にはない確率概念。

結論から言うと、F氏が罹患している確率はもっと低くなるはずです。「陽性！だめだ！」と慌てる必要はありません。状況は次のように整理されます。
Ⓐ事前確率、**Ⓑ尤度**、**Ⓒ全確率**、**Ⓓ事後確率**というベイズ統計学において最も大切な単語（詳しくは次の節）を状況に当てはめながら説明します。
＊確率を説明するための仮想的状況で医学上のデータではありません。

Ⓐ事前確率
一般に、このガンの罹患率は以下の表のようになります（もちろん、病院の中では、もっとも高いでしょう）。これは当初からわかっていることです。

	確率
ガンに罹患	0.004（0.4%）
健康	0.996（99.6%）

確率は0（0%）から1（100%）の実数の値で表記しています。

Ⓑ尤度（ゆうど）
簡易検査は、今までの試験の結果、以下のような確率で「陽性」「陰性」となることがわかっています。本当はガンなのに検査が陰性になることや、本当は健康なのに検査が陽性になることもあるのが要注意です（それぞれ偽陰性、偽陽性といいます）。

	陽性	陰性
ガンに罹患	0.8	0.2（偽陰性）
健康	0.1（偽陽性）	0.9

尤度は0（0%）から1（100%）の実数の値で表記しています。

データはすべてここに揃いましたね。ではベイズの定理を使って問題を解決しましょう。

Key Word ┃ 尤度▶広く起こった出来事の「可能性」「もっともらしさ」を意味し、しばしば確率に一致あるいは比例する。出来事は固定しパラメーターの関数と考える。

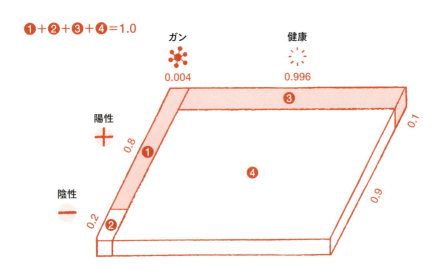

事前確率×尤度

❶ 0.004×0.8＝0.0032
❷ 0.004×0.2＝0.0008
❸ 0.996×0.1＝0.0996
❹ 0.996×0.9＝0.8964

①は「ガンで陽性の結果が出た人」、②は「ガンだけど、間違って陰性の結果が出た人（偽陰性）」、③は「ガンじゃないけど、間違って陽性の結果が出た人（偽陽性）」、④は「ガンじゃなくて、陰性の結果が出た人」。陽性の結果が出たのなら②と④は無視して、①と③だけで考えればよいことになる。

Ⓒ 全確率

簡易検査でＦ氏は陽性という結果が出たわけですから、この時点での**すべての可能性**の全確率は❶＋❸となりますね。この全確率の中でのガンである可能性、健康である可能性はどうでしょうか。

Key Word | **全確率**▶ある出来事を起こす原因が複数ある場合、各原因による確率の和（全確率）が結局その出来事の確率となる。

Ⓓ 事後確率

簡易検査で陽性という結果が出た後のF氏がガンである確率（事後確率）は❶÷（❶+❸）となりますね。計算してみましょう。

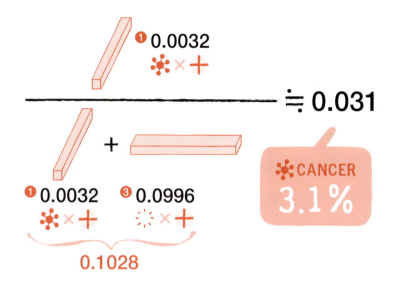

これより、陽性の結果が出たF氏がガンである確率は、たったの3.1%となります。このようにガン検査の信頼性はベイズの定理から計算されることは知っておきましょう。ただし、「一般人」の中での計算です、病院の中では計算が違ってくるでしょう（たとえば「10人に1人」のケースで計算してみてください）。

この場合、**事前確率が非常に小さい**、ということを見落としてしまうと、80%の精度の検査で陽性、ということに驚いてしまうかもしれません。メディアなどでもAの事前確率を隠してBの尤度（条件付き確率）だけを提示して印象を操作しようとすることがあります。これからの世の中では事前確率やベイズの定理を意識しながら、冷静に提示された数字や情報、データを読む力が肝要となってくるでしょう。

Key Word　事後確率 ▶ 事前確率に対する語で最重要概念。データが関連情報として得られた後は認識は変わり事前確率は事後確率に変化する。そのルールがベイズの定理。

CHAPTER

ベイズの定理で世界を知る

壺と玉の問題

> 人間は考える動物(ホモ・サピエンス)です。
> 「どこからきたのだろう」
> 「原因は何だろう」
> と考えることが人なのかもしれません。
> たとえば、ここにある赤い玉は
> 「どの壺からきたのだろう?」

「元」を知りたい

ベイズ統計学というのはベイズの定理を原理として用いた統計学のことです。ベイズの定理はとても簡単でパワフルな定理です。この定理を用いていろいろな問題を簡単に推定することができるのです。有名なのが壺と玉の問題です。

ベイズの定理で推理：壺と玉の問題

「おや、この玉はどこからきたのだろう」
複数の壺【A、B、C】の中に、複数の【赤と白】の玉が入っています。壺が隠された状態で、1つだけ玉が取り出されたとしましょう。その壺の玉の色から「取り出された玉がどこの壺からやってきたのだろう」ということを推理します。

例としてAからCの壺の中の【赤と白】の個数はこういう風にしましょう。それぞれの壺からどちらの色の玉が出るかの確率（尤度）も書いておきます。

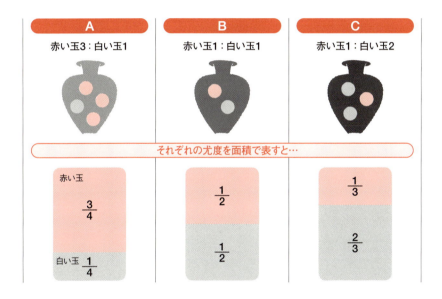

ここからランダムに取り出された玉が「赤」だったとしたら、この玉はどこからやってきたでしょうか？　赤い玉がいっぱい入ったAでしょうか、いやCの可能性だってきっとあります。どの壺から出てきたのか、今はわかりません。だから事前確率は等しく**AもBもCも3分の1**とします。

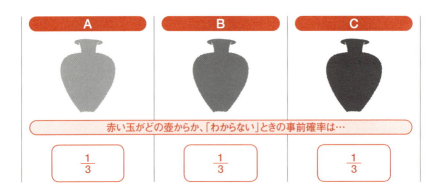

「赤い玉が出た」という事実の全確率は、下図のような足し算になりますね。

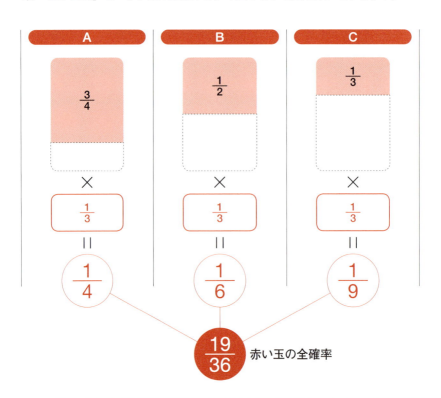

ですので、それぞれの壺から出てきた確率、すなわち「事が起こってから」わかるようになった「事後確率」は 19/36 で割ってこのようになりました。

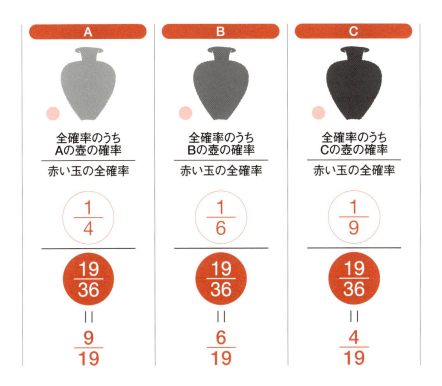

最初、「わからない」ので事前確率として等しい確率を与えました。そこから、赤い玉が出てきたことで、尤度の情報を得て、事後確率はこのように更新、推定されました。Ａの壺の事後確率が高いですが、赤い玉が多いのですからキモチの上で当然ですね。「当然」というのが、AI のしくみにつながります。

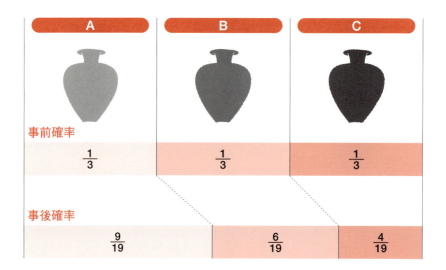

どこの壺から出てきているのか「わからない」ということを、あきらめずにまず等確率（1/3）としてから、「Aの壺の確率が高いぞ」ということが推定されましたね。この推定は直観に即しているものですが、数字をもって説明すると説得力が出てきます。

取り出された玉の色【結果】から玉の出所【原因】を推定する、という例題でベイズの定理について学びました。これは観測されたデータから、自然の法則を知ろうとする、科学の姿勢そのものでもあります。また、第二次世界大戦中は敵軍の潜水艦の位置を推定するのにも使われました。保険や金融など、経済の世界でもベイズの定理は使われています。

わからない、ということからまず一歩踏み出して、観測されたデータ（尤度）と自分の考え（事前確率）をもって世界を知ろうとする。それこそがベイズ統計学の真価なのです。**事実を知る前は無色透明ですが、事実を知った後はその事実がもっと説明しやすくなるように考えは更新されるのです。**

一方で、自分の考え、「主観が介在している科学」というのはどうなんだ、という意見は昔からありました。ベイズの考え方を尊敬しつつも学問的に批判したロナルド・フィッシャーは「わからないと考えることと、すべての可能性の確率が等しいと考えることは同じではない」という言葉を残しています。

ですが、潜水艦の位置はすぐにでも知ろうとしないと、友軍が危険にさらされます。まだ売り出してもいない商品でも、売れるかどうかを推定したいと考えます。そういった分野において、ベイズ統計学はうまくフィットし、実際に即した結果を出しているのです。**「観測者がいることでこの世界がある」**という哲学的な言葉の中に、もしかしたらベイズの定理、ひいてはベイズ統計学が発見された意味が示唆されているのです。物理学者は「法則も認識の結果である」ということを拒否してきたのですが、拒否しきれなかったのです。本来、物理学は存在論ではなく認識論なのです。

練習問題

1-4（028ページ）のラブチョコレート問題を以下のような条件で考えてみましょう。ピアソン君がバレンタインにチョコレートをもらった場合、P君の意中の人が、もらったチョコが本命である確率はどれほどでしょうか。穴埋め問題を解いていきましょう。

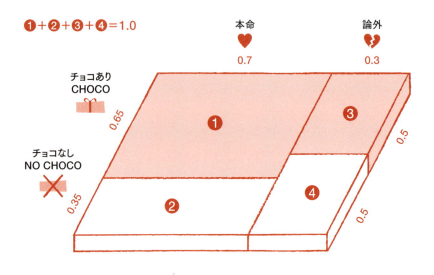

事前確率	
本命である確率	0.7
論外である確率	0.3

尤度	
本命にチョコをもらった確率	0.65
論外でもチョコをもらえる確率	0.5

TRAINING 1-1

【問1】

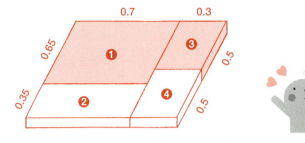

本命＆チョコもらえる

❶ _____

本命＆チョコもらえない

❷ _____

論外＆チョコもらえる

❸ _____

論外＆チョコもらえない

❹ _____

【問2】

チョコをもらったのだから、
もらったチョコが本命である確率は
❶÷(❶+❸)で
(小数点4桁以下四捨五入)

❺ _____

本命である確率は 0.7 から
(小数点4桁以下四捨五入)

❺ _____
にベイズ更新された。

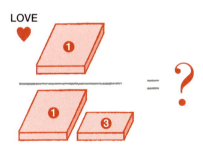

これはチョコをもらう前の

❻ _____
倍になる。

043

練習問題

1-6（036ページ）の壺と玉の問題と同じ条件で「白い玉が出た場合」についても考えてみましょう。

【問1】

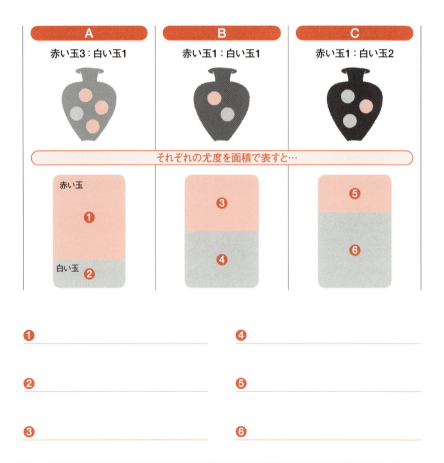

❶ _____

❷ _____

❸ _____

❹ _____

❺ _____

❻ _____

【問2】

事前確率はわからないので等確率と考えます。壺は3つなのでそれぞれ、

❼ _____

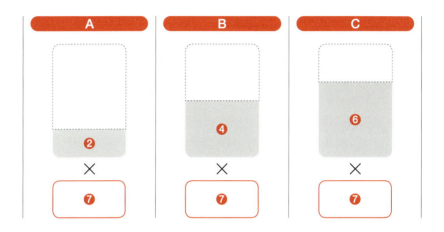

「白い玉が出た」という事実から事前確率に尤度をかけ、すべてを合計すると全確率は、

❽ _____

したがって、

白い玉が出たとき、Aから出てきた確率 = ❾ _____

白い玉が出たとき、Bから出てきた確率 = ❿ _____

白い玉が出たとき、Cから出てきた確率 = ⓫ _____

練習問題 解答

TRAINING 1-1
【問1】 ❶ 0.455 ❷ 0.245 ❸ 0.150 ❹ 0.150 【問2】 ❺ 0.752（小数点4桁以下四捨五入）
❻ 1.074（小数点4桁以下四捨五入）

TRAINING 1-2
【問1】 ❶ 3/4 ❷ 1/4 ❸ 1/2 ❹ 1/2 ❺ 1/3 ❻ 2/3 【問2】 ❼ 1/3 ❽ 17/36 ❾ 3/17 ❿ 6/17 ⓫ 8/17

CHAPTER

2

ベイズ統計学で
人工知能入門

Introduction to
Artificial Intelligence
In Bayesian statistics

CHAPTER

四則演算でOK！
エクセルで人工知能を自作

> ベイズの定理はいかがでしたか。
> では、簡単なAIの赤ちゃんを
> あなたの手で産み出してみましょう。
> 足す、引く、掛ける、割ると
> エクセルにちょっぴり式を書きます。

キモチをAIする

ロボットの体をつくるときは、人間の体の動きをよく観察してそのしくみを金属や有機物で再現、あるいはそれ以上の力を発揮できるように組み立てていくことでしょう。では知能はどうでしょうか、知能も同じです。複雑でしくみもよくわからないことのようですが、それを小さく分けてあげて、1つ1つのしくみをロボットやプログラミング言語が、わかるようにしていきます。無数にある局面での、知能の動きの小さな1例に着目して再現してみましょう。**たとえばそれがバレンタイン**なのです。

揺れる数字を変数にしておく

1-4（028 ページ）のラブチョコレート問題を続けましょう。「本命」と「論外」は 0.5 対 0.5 とは限らないので、後で代入できるように変数にしておきましょう。

もらったチョコが、

本命である確率 w_1
論外である確率 w_2

もちろん $w_1 + w_2 = 1$ です。先の例ではチョコをもらえる確率（尤度）も数字で表しましたが、

本命にチョコをくれる確率 L_1
義理でもチョコをくれる確率 L_2

と変数にしておきます。では図を見てください。1-4（030 ページ）の図と同じです。

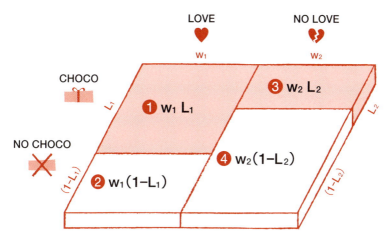

ラブの事後確率（チョコをもらったあとの本命である確率）の計算は
①÷（①＋③）なので、

$$\frac{w_1 L_1}{w_1 L_1 + w_2 L_2}$$

でOKとなりますね。これで事前確率や尤度がどんな数字に入れ替わっても、数字を入力し直せば、ぱっとラブの事後確率が再計算できてしまう。あとはエクセルの出番ですね。そもそも四則演算にすぎませんよ。

エクセルでOK!

人間の占い師なら、あれこれと条件を変えて、何度もお願いし直すと不機嫌になったり、お仕事なら追加料金をとられてしまうかもしれませんが、コンピューターに教えておけば、文句も言わずに何度でもやり直してくれます。エクセルならこんな風にちょっと関数を書き込むだけです。

	A	B	C	D	E
1					
2		W1=			
3		W2=			
4		L1=			
5		L2=			
6					
7		もらったチョコが本命である確率	=C2*C4/(C2*C4+C3*C5)		

セルC2、C3、C4、C5に値を入力できるように、C7に"=C2＊C4/(C2＊C4＋C3＊C5)"と書いてみましょう。

最初の例ならどうでしょうか、以下をセルに入れてみましょう。

$w_1 = 0.5$、$w_2 = 0.5$、$L_1 = 0.6$、$L_2 = 0.3$

W1=	0.5
W2=	0.5
L1=	0.6
L2=	0.3
もらったチョコが本命である確率	0.666666667

エクセル関数が自動的に計算してくれます。

$$\text{もらったチョコが本命である確率} = \frac{2}{3} \; (0.666666\cdots)$$

当然、同じ結果が出てきますね。

では変数をかえて、次の節以降は以下のようなケースで考えていくことにします。チョコをもらう前の本命である【事前確率】を0.7と少し大きめに見積っています。厚かましいですね。さて、「チョコをもらう」ということで、わかっている情報【尤度】から、【事後確率】はどう変化するでしょうか。

本命である確率 w_1＝0.7
義理である確率 w_2＝0.3
本命にチョコをくれる確率 L_1＝0.65
義理でもチョコをくれる確率 L_2＝0.5

W1＝	0.7
W2＝	0.3
L1＝	0.65
L2＝	0.5
もらったチョコが本命である確率	0.752066116

もらったチョコが本命である確率≒0.752

最初は0.7でしたから、チョコで本命度は0.752まで上がりました。いいですね……。この**ベイズ更新**によってP君の気持ちは少し豊かになりましたよ。

どうですか。簡単でしたか、難しかったでしょうか？「簡単すぎるよ」と言う読者もいるかもしれませんが、これがジャイアント・ステップ、人類にとって大きな一歩だったのです。ベイズの定理で**超ミニサイズの「人工知能」(AI)** の最初の第一歩ができました。

Key Word ベイズ更新▶ベイズの定理によって算出した事後確率を次回の試行の事前確率として用いること。

CHAPTER

キモチとは文系? 理系? その両方
気持ちの変化こそベイズ更新

コンピューターは数字に強いから理系?
気持ちの微妙な揺れを、人が教えてあげれば
その境目は、次第に見えなくなります。
AIの世界を旅するための大切な心構えは
文系と理系の融合した地図を持つことです。
ベイズ更新はその第一歩です。

ベイズ更新

前の2-1 (048ページ) から一年経ちました。今年もP君は意中の女性からチョコをもらいました。まだ迷ってるの?
「だって8割くらいは目がないと…傷つくのは怖いし…」

……なんという草食男子っぷりでしょう。でもそれが時代ならしかたがありません。「本命」の確率はどうなったでしょう？

簡単です。もう（0.7／0.3）は昨年チョコをもらう直前までの話。それからの二人の関係はというと、**去年の事後確率が今年の事前確率となります。**

$$w_1＝0.752$$
$$w_2＝1－0.752＝0.248$$

ですから、そこをエクセルで入れ直すだけで、「今年チョコをもらったあとのラブの事後確率」がわかります。

W1=	0.752
W2=	0.248
L1=	0.65
L2=	0.5
もらったチョコが本命である確率	0.797650131

エクセルで0.752×0.65/（0.752×0.65+0.248×0.5）を自動計算。

もらったチョコが本命である確率≒0.798

80％まであと一息です。「＞0.80なら行動開始」と思っていましたので、心はいよいよ「活性化」しています。P君、告白すればいいのに！
もちろんこれは、チョコをもらえたからで、もらえなければ話は別になります2-4（060ページ）。

このように、**今後そのつど新しい確率に入れ替えていくベイズ方式を「ベイズ更新」**と言います。心理的に言うと、記憶内容や気持ちが次々と更新されていくことに相当するでしょう。そうです、コンピューターに心を教えることは、ベイズ更新で上書き保存をしていくことである、とも言うことができます。

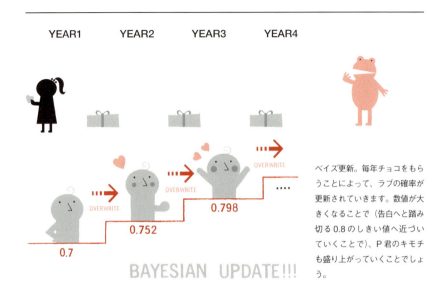

ベイズ更新。毎年チョコをもらうことによって、ラブの確率が更新されていきます。数値が大きくなることで（告白へと踏み切る0.8のしきい値へ近づいていくことで）、P君のキモチも盛り上がっていくことでしょう。

ベイズの定理と人工知能

「ベイズの定理」で、これほど簡単な式でここまで言えることに、改めて驚きハッとした人も多いでしょう。数学と人の心の認識や心理の間にある関わりにすっきりしたものを発見した人もいるかもしれません。それは大変に意義深いことです。

なぜなら、今日「人工知能（Artificial Intelligence、AI）」が人々の関心を引いています。その関心もいきすぎた宣伝から、誤解や反発にまでなっているので、ベイズの定理をきっかけとしてそもそも「AIとは本当は何か」を体得しておくことは、AIの流行に流されないためにも、またとない有用さを持っています。

（私は AI の専門家ではありませんが、昨今の AI に関する議論の内容の空虚さには、いささか驚きを感じています。）

ベイズの定理でわかったように、AI の要素の技術（部品）には特に変わったもの、ミステリアスなものは何もありません。AI の要素構成は、統計学（基礎統計、ベイズ統計学）＋確率論＋**最適化数学**＋プログラミングです。それに心理学、認知科学、生物学の背景知識があれば何よりです。肝心の「知能」の本体部分は、統計学と確率論が受け持ちます。

このあと解説をします、「ニューラル・ネットワーク」という言葉は現実の「神経」とは何の関わりもない非線形（ロジスティック）回帰、SVM はベイズ判別解析の拡張の「宣伝用」の商品名にほかなりません。統計学の知識さえあれば、難なくすっと順当に AI に入れます。

「機械学習や深層学習は新手の統計学で、従来の統計学は旧弊になったのだ」という偏った解釈をしてしまうと、将来悔やむことになるでしょう。最適化数学やプログラミングは、数学や情報科学専攻の人々の領域ですが、制作工程で主導的な役割を果たします。

ベイズ統計学のスタートはベイズの定理ですが、これは確率論の一つの定理にすぎず、これを原因―結果関係に読み替えることで大きな役割を発揮します。純粋数理の確率論専門家にはその解釈を認めず、単なる計算式としか認めない人もいます。AI は単なる数式の集まりではありませんから、そういう姿勢では AI への発展は難しく、いずれ行き詰まってしまいます。それぞれの学問観はともかくとして、AI がベイズ統計学とともに歩むなら、大きな発展が約束されることでしょう。

Key Word | **最適化数学 ▶** 数理的方法、特に微積分が目的関数の最大化・最小化に用いられる場合の総称。適用を示すだけの便宜的言い方。

CHAPTER

キモチがフィット、心はシグモイド関数

刺激と反応の関係

{ どちらとも決められず
気になる人、気になることを考えて
心の中で盛り上がったり
落ちこんだりするものです。
それこそが、AIでも出てくる
シグモイド関数なのです。 }

気持ちがある関数にピタリ、フィットする不思議

ここから大きく展開します。P君の気持ちは、彼女からのチョコ1個また1個にしたがい、ベイズの定理によって、

チョコ1個　チョコ1個
0.7→0.752→0.798

とめでたく変化しました。この気持ちはAIの**「ニューラル・ネットワーク (Neural Network、NN)」**で出てくる**「シグモイド関数（Sigmoid function）」**と言われる関数にフィットさせることができるのです。e^x（指数関数）というと、なにやら面倒そうなものが出てきますが、今はこれ以上は強調しませんからご安心を。とにかく、シグモイド関数を見てください。

$$y = \frac{1}{1+e^{-x}}$$

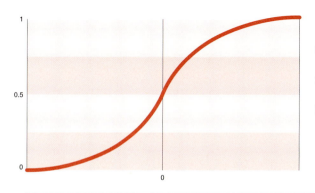

シグモイド関数の例、y=1/（1＋exp(−x)）。yは0から1の間の値をとる。
このグラフはおおまかな形状を示したもので、左端ではy = 0に、右端ではy = 1に極めて近いことを理解する。

ゆったりした形ですね。xにはいろいろな量がきますが、これがAIの中身、特にニューラル・ネットワークでは大きな役割を果たすのです。

シグモイドとは、変わった言葉ですが、単にアルファベットのS（対応ギリシャ文字はシグマ Σ, σ）を引き延ばした「擬S型」という意味です。ですから一般的な総称です。-oidは「〜もどき」「擬〜」を表します。Sの字もどきの関数です。左右逆なら**「乙もどき関数」**と名づけても問題はないでしょう。こういった非線形の関数の一つに**「ロジスティック関数」**があります。

Key Word　ニューラル・ネットワーク▶人間のニューロン（神経細胞）の入・出力を単位として累積し構成した統計学のパラメーター推定の非線形回帰モデル。推定に誤差逆伝播法を用いる。

さて、ここで横軸 x は、チョコが与える脳への「刺激(スティミュラス)」ですが、x を、

チョコ1個   **チョコ1個**

x：0.8473→1.1097→1.3720*
去年　　　今年

と置くと、「反応(レスポンス)」として、確率(本命の確率で y 軸のこと)が、生のキモチの変化として次のように出てきます。

0.7→0.752→0.798

ぴたりと関数で出てきます。不思議と思われるでしょうが、そこでこれをシグモイド関数のエクセル計算練習として確認しておきましょう。

e^x は「指数関数」で、エクセルでは EXP(XX) となります。シグモイド関数は、

y=1/(1+EXP(−XX))

と表すことができますね。エクセルの関数がよくわからない人も、エクセルを開いて図のような呪文をセル C3 に入れたら、C2 にいろいろ数字を入れてみましょう。

	A	B	C
1			
2		チョコのスティミュラス x	
3		心のレスポンス y	=1/(1+EXP(−C2))
4			
5			

セル C2 に値が入力できるように C3 に " = 1/(1+EXP(−C2))" と書いてみましょう。

なあに、気にすることはありません。洗濯物を乾燥機に入れたら、**何もしないでも服が勝手に乾いた**。そんなものです。C2 に数字を入れると、C3 に勝手に数字が出てくるはずです。

---

*実際には、0.84729786…→1.10966212…→1.37202639…という数値になります。この本は数値を読みやすく丸めています。そのため計算機などで実際に表記の値を計算すると桁の末尾などに不具合が出ることがあります(他ページも同様)。

058

x=0.8473

チョコのスティミュラス x	0.8473
心のレスポンス y	0.700000449

x=1.1097

チョコのスティミュラス x	1.1097
心のレスポンス y	0.752073178

x=1.3720

チョコのスティミュラス x	1.372
心のレスポンス y	0.797703091

1/(1＋EXP(−0.8473))≒0.7
1/(1＋EXP(−1.1097))≒0.752
1/(1＋EXP(−1.3720))≒0.798

確かにうまくフィットした数値が出てきました。さらなる不思議は、0.8473からスタートして、チョコ1個あたりで等間隔になっていることです。実際、

チョコ1個分　　1.1097−0.8473≒0.26236
次のチョコ1個分　1.3720−1.1097≒0.26236

つまりこのAIでは、つねに

チョコ1個分の刺激≒0.26236

と定めたことになります。不思議ですね。でもキモチが関数にフィットしている。これがシグモイド関数を用いた「ベイズの定理」の表し方なのです。この数からはじめないと等間隔にしてもベイズの定理に合いません。この数の理由については次の節で説明します。

CHAPTER

有利・不利の「スコア」を定める
前向きと後向きでは歩幅が違う

> チョコ1個分の刺激が決まりました。
> ちょっと待って、チョコがもらえなかった場合は
> このAIはどんな判断をするの？
> このLOVEに不利な結果を
> 出力してしまうのでしょうか。
> これもシグモイド関数で対応してくれます。

逆もあるので注意

さて、P君は「もうすぐ8割」と調子に乗っていると、なんと今年はチョコをもらえませんでした。どうしたことでしょうか、だから早くと言ったのに！　もしかしてあの子はP君のことをもう好きじゃなくなってしまったのでしょうか？　急いで家に帰って自作の人工知能アドバイザーに確認をとってみましょう。

「チョコがもらえなかった？」その場合はチョコがもらえなかったときの刺激を算出しておけばいいのです。そのためにはまず、もらえた場合の0.262……の種明かしをしましょう。

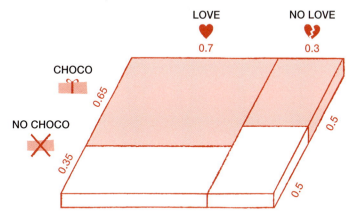

まず、確率は、「本命」対「論外」の比では、

　　　　チョコをもらえた場合　　　　0.65対0.5
　　　　チョコをもらえなかった場合　0.35対0.5

でした。ここでそれぞれ**確率の比**の割り算をしてください。「本命度」ということにしましょう。もらえた場合では1より大きく本命に有利、もらえなかった場合は1より小さくもちろん本命にとっては不利です。

本命度

　　　　チョコをもらえた場合　　　　0.65/0.5＝1.30
　　　　チョコをもらえなかった場合　0.35/0.5＝0.7

そこであともう少し、かけ算（割り算）の世界を足し算にしておくと、いろいろと便利なことが起こるのです。**何が便利なの？**と思われる方もいらっしゃるかも

しれませんが、とにかく、**科学者にはいろいろと好都合**なようなので、そこはあえて黙って「**対数**」を導入してあげましょう。対数（ログ、log）というと、10を基準（底〈てい〉と言います）とした「**常用対数**」は高校で習いますが、今回は指数関数 e^x を用いているので $e=2.71828$……自然対数を使います。エクセルなら自然対数は関数で［＝ LN(XX)］で出ます。本命度の対数を求めてみましょう。

本命度（対数）
チョコをもらえた場合　　　LN(0.65/0.5)≒0.26236
チョコをもらえなかった場合　LN(0.35/0.5)≒−0.35667

なんともらえた場合は先の 0.2623 という数字が出てきましたね。これで決まりですね。そして、もらえなかった数字はマイナスになります。チョコがもらえなかった場合は本命度は下がります。……チョコをもらわなかったときに「論外」のほうへ進むステップのほうが大きいではありませんか。だから告白したら、と言ったのに！　そこで次のように刺激の点数（スコア）をまとめておきましょう。

「本命度」スコア

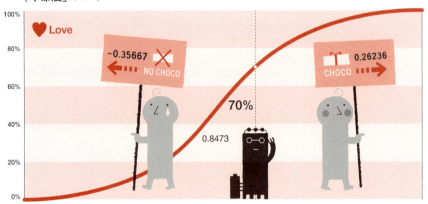

ところで、シグモイド関数のスタートの $x=0.847$ はどう決まるのでしょう。これは簡単です。最初の「本命」対「論外」の事前確率の比から、次のようになります。

Key Word　　対数▶1でない正の数 a と N が $N=a^b$ であるときの b のこと。b を、a を底とする N の「対数」と言い、$b=\log_a N$ である。

スタート・スコア　LN(0.7/0.3)≒0.8473

では次の年、この4年間のチョコ実績は、

もらえた ・ もらえた ・ もらえなかった ・ もらえた

でした。3回目のショックで迷っていますが、希望があるでしょうか。0.8を超えれば「さすがに脈ありだよ」という**慎重な基準**に設定された自作のAIで計算をお願いします。

AIの答え：AIは次のように計算します。本命度スコアを加えますと、

x＝0.8473＋(3×0.26236−0.35667)≒1.2777

これをシグモイド関数のxに代入してみると、

1/(1＋EXP(−1.2777))≒0.7821

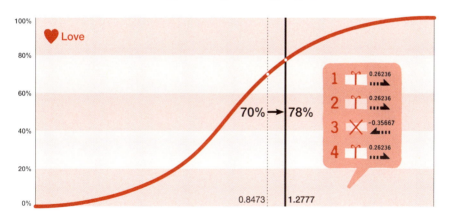

0.8にはもう一息です。来年がんばって。いや来年はあるのかな？　このような恋愛問題のみならず、シグモイド関数と、そこで用いるスコア(x)やニューラル・ネットワークといった言葉は、今後もAIに用いられる大切な手法や用語ですので、ぜひ憶えておきましょう。

CHAPTER

量的なエビデンスへの応用

ベイズの定理を分布へ拡張

> チョコがもらえるのか、もらえないのか
> その答えは、YESとNOしかありません。
> では、量的なエビデンスでも
> ベイズの定理が適用できるでしょうか。
> たとえばスマホの通話時間などは？

量的データにも使える

ずっと以前、とある通信会社が結婚したカップルに、結婚するまでにどれくらい（固定）電話を使ったかを調査した統計データがありました。携帯電話でも結婚する二人の間では、そうでないケースに比べて、携帯電話の通話時間は多くなっているはずです。

Key Word　エビデンス ▶ evidence「証拠」「根拠」の訳。主張には根拠が必要だが、理論の結果にもそれを支持する科学的統計データが要求される。

量の確率的な出方（「確率分布」と言います）として、しばしば適用されるのは「**正規分布**」と言われる関数で、見たことがある人も多いはずです。頂上とその両側にきれいな裾野がある富士山形の美形で、その関数式もよく応用されます。

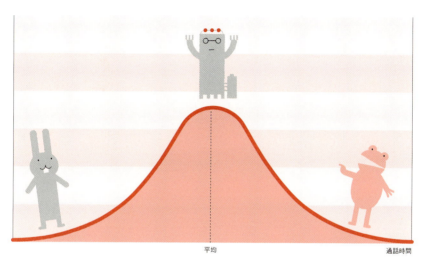

詳しくは書きませんが、ここに示したのは正規分布の代表的なもの（頂点＝0、もしくは平均値）です。頂点が右〈プラス方向、平均より大きい〉、左〈マイナス方向、平均より小さい〉にずれたもの、裾の部分が広がったもの、狭くなったものなど、正規分布は実際には種類が無数にあります。

携帯通話時間の統計データも形としてはこの正規分布と仮定します。詳しく言うなら、「結婚脈なし」と「結婚脈あり」では、通話時間の分布のしかたは異なるでしょう。

Key Word 　**正規分布**▶ガウス分布ともいわれ、平均において最大の頂をなし、離れるにしたがい確率値が減少する左右対称の釣り鐘型で、量的現象に広くあてはまる代表的確率分布。

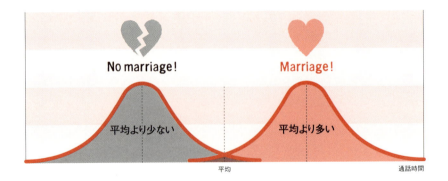

これが今度は L_1（本命）、L_2（論外）となります。そうすると、本命度スコアは今度も LN（ ）を用いて

$$LN(L_1/L_2)$$

とすれば、あとはここまでの解説をそっくり使えます。つまりこれが、シグモイド関数の x に入るわけです。実際には正規分布の式の計算がありますが、それはここではやりません。しかし、これで通話量も AI の必要データとして使えることになりました。

L_1、L_2 は通話時間 x の出方の確率ですから x を含んでいます。正確には、

$$L_1(x)（本命）、L_2(x)（論外）$$

とすべきでしょうが、導入としてここまでとしておきましょうか。確率分布を使ったベイズ統計学については、次の章でもう少し詳しく説明しようと思います。

AI はこのような簡単に見えるベイズ判別をキモチのはじまり、萌芽として徐々に高度化していきます。本書で解説するには紙幅が足りませんが、大まかに以下のように発展していくのだということぐらいを憶えておきましょう。

ベイズ判別
ベイズ統計、確率を用いた関数で最小、基本単位の気持ちの判別

サポート・ベクター・マシーン
非線形の識別関数によるパターンの認識

ニューラル・ネットワーク
脳機能のシミュレーション

深層学習（ディープラーニング）
自律的に理解して情報を整理

高精度パターン認識
表情から気持ちを読み取ることもできる

練習問題

2-3（056ページ）以降について、シグモイド関数にはいろいろな関数があります。正規分布の値を累積させることでも同じような形のグラフになります（累積分布関数）。ここでは、エクセルでのシグモイド関数の表現に慣れ親しんでおきましょう。

−3から3までの0.5刻みの値について
（−3、−2.5、−2、−1.5、−1、−0.5、0、0.5、1、1.5、2、2.5、3）
エクセルのシグモイド関数の式に入れて計算し、折れ線グラフを作成しましょう。エクセルを使うときはまずはこのような関数で計算できます。

= NORM.S.DIST(XX,TRUE)

おさらいですが、一つ一つの意味合いを見ていきましょう。

[＝]
これから計算式や関数を使います、というお知らせです。これが最初に入っていないと、ただの文字列として表示されます。

[NORM.S.DIST]
かっこ内のXXについて、累積正規分布の値を返します。

[XX]
値（−3や1.5など）や計算させたいセル（B2やC3など）を指定しましょう。XXと打ち込むわけではありません。

[TRUE]
ここはTRUE（累積分布関数）かFALSE（確率密度関数）しかありません。まずはTRUEを指定しておきましょう。問題が解けた人はFALSEに変えてみてください。

TRAINING 2-1

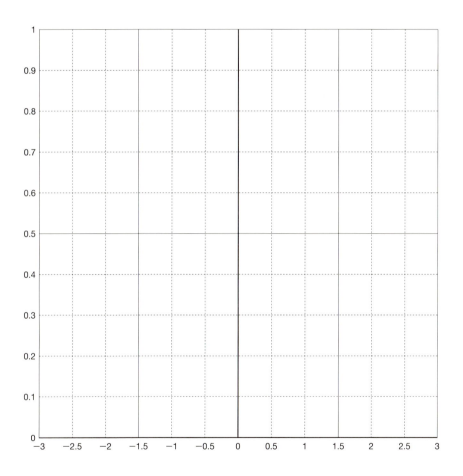

練習問題 解答
TRAINING 2-1

−3	0.0013
−2.5	0.0062
−2	0.0228
−1.5	0.0668
−1	0.1587
−0.5	0.3085
0	0.5000
0.5	0.6915
1	0.8413
1.5	0.9332
2	0.9772
2.5	0.9938
3	0.9987

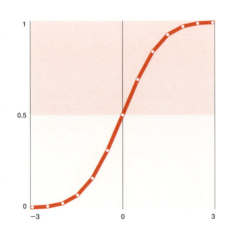

CHAPTER

ベイズ統計と確率分布

Bayesian statistics and probability distributions

CHAPTER

ベイズ統計学の7つ道具
まずは確率分布から

> ベイズ統計学の世界では、
> 【事前分布、尤度、事後分布、ベイズの定理
> ベイズ更新、確率分布モデル、期待値】
> この7つの大切な要素があります。

※尤度を正しく読めるように！

尤度が主役に

もうベイズ統計学の最初の部分は学びましたね。そこで、完成されたベイズ統計学において、必須である7つの要素を挙げてみましょう（右ページ図）。これらが揃うとベイズ統計学は一段と進みます。6と7は実際に本格的にデータを取り入れて、分析や意思決定をするための手続きで、これは特に「ベイズ統計学」に限ったものではありません。

では、6の**「確率分布モデル」**から解説しましょう。今までは、わかりやすくするために、結果のデータは「赤玉」「白玉」というように質的な「項目」であって、数量になっていませんでした。しかも項目は2通りしかありません。これだけで、世の中の事象すべてを書きとめようとするのは、いくらなんでも無理がありますね。

たとえば、医学について考えてみましょう。血圧のデータが x（mmHg）とすると、x はもちろん連続的な値をとり、142.5 mmHg とか 138.8 mmHg など、無限にあります。

尤度も結果が2通りだけなら対応してその（証拠としての）「起こりやすさ」と「起こりにくさ」を（L, 1−L）と書けますが、連続的な値をとる場合はそうもいかないので、x という値をとる尤度を次のように書きましょう。

x に対して L(x)

なお、この L には後で述べるように確率分布を決める重要定数（パラメーター）が入ってきて、それがむしろ主体になります。L(x) と書くのは念のためでここまでとします。今後はパラメーターの関数と考えます。

目的に応じて

尤度とは「起こりやすさ」ですから、L(x) は出現のしかたの確率のリスト、つまり「確率分布」のことです。L(x) の具体的な数式も簡単に紹介しながら、目的に応じ、いくつかよく出る例を挙げましょう。

確率分布の図式

では図式を紹介します。特に主要部についてはそれぞれ解説しています。また、入っているパラメーター（p）、（λ）、（μ, σ^2）を示しておきました。この図と式を使いますから、まずは、どんなものか眺めておいてください。

Key Word 　確率分布モデル▶データが背後のある確率分布から生じていると想定されるモデル。正規分布、ポアソン分布、t 分布、カイ2乗分布などが想定される。

1. 二項分布型

［ある／ない］［成功／失敗］［白／黒］とか、［チョコをもらった／もらわなかった］とか、とにかくオール・オア・ナッシング、［1／0］のように結果がドライに分かれる試行の確率分布はこの二項分布の形で表されます。試行回数 n をどんどん増やしていくと、富士山のように美しい形をした対称的な正規分布の形に近づいていくのが特徴ですが、下の図では、まだそうなっていません。

例：薬を10回飲んだうち x 回効き目があった。

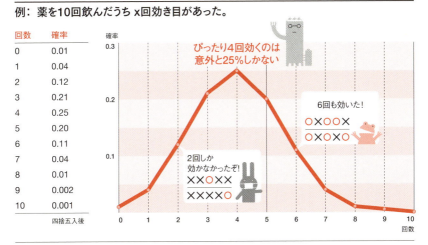

二項分布の式は次のように表され、パラメーター p の関数としてあります。式から（成功の確率）と（失敗の確率）の（組み合わせ）が、効き目があった回数の確率となっているのが、なんとなく読み取れるでしょうか。

$$L(x) = {}_nC_x \cdot p^x (1-p)^{n-x}$$

n：すべての場合の数なので、この場合は 10 です。
p：薬が効き目がある確率で、0～1 で表されます。
x：たとえば3回効き目があったら x=3 とここに代入します。
${}_nC_x$：組み合わせです。

2.ポアソン分布型

時間や回数のような決められた範囲で、何回その出来事が起こるか、の確率分布はポアソン分布で表されます。最初は騎兵が「**馬に蹴られて死ぬ確率**」を調べるところからこの形が見つかった、という話もあります。交通事故や思いもよらぬ失敗が起こる回数についてこの確率分布が用いられています。

ポアソン分布の式はこのように表されます。今度はλの式です。

$$L(\lambda) = e^{-\lambda} \frac{\lambda^x}{x!}$$

λ：単位時間（範囲）に起こる平均回数で、500回が単位で誤字が普通は5回起こる、としたらλ＝5ですね。
x：何度起こるか、この場合5回より多いのか少ないのか。たとえば誤字3回（x＝3）なら、誤字10回（x＝10）ならどうなんだ、ということです。
e：自然対数の底数です。2.718……という決まった数で、$e^{(\ )}$ は指数関数です。

5回あたりで確率の山が大きくなって前後で下がっている、ということぐらいがわかればいいでしょう。

例：500文字をタイピングするうちに、誤字がある回数

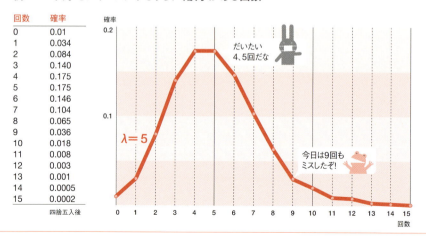

3. 正規分布型

結婚と長電話のときにも出てきましたね、YES と NO だけでは割り切れないものごと。身長だったり、平均点だったり、気温や湿度もそうですね。好きか嫌いかなら1か0で二項分布型ですが「好感度76%」などは正規分布型になるでしょう。

例：ある年齢層の男性集団に最高血圧を尋ねた。

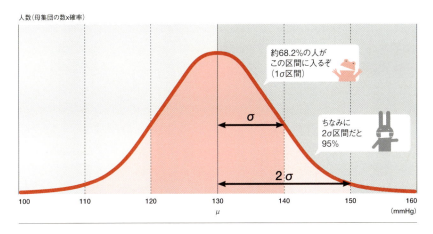

正規分布の式は次のように表されます。

$$L(\mu, \sigma^2) = \frac{1}{\sqrt{2\pi\sigma^2}} \exp\left\{-\frac{(x-\mu)^2}{2\sigma^2}\right\}$$

ややこしくなりましたが、「正規分布はこういうものだ」と頭の片隅に置きましょう。exp(　) は先ほどの指数関数 $e^{(\ )}$ のこと。累乗のほうの数字が読みにくくなるので、こういう書き方もあるのです。

ここで大切なのは μ（ミュー）と σ^2 というパラメーターです。

μ：山のてっぺん、σ^2：1より小さくなったり、大きくなったりすると、山が尖ったり平べったくなったりする、くらいを憶えておきましょう。

CHAPTER 3-2

パラメーター

データの中に潜む宝石はあるか

{ たくさんデータがあっても
雑多なデータのままなら
それはゴミの山かもしれません。
大事なのは、その山の中から
秘密の宝石を拾い上げることです。
統計学ではパラメーターが主役です。 }

パラメーターの大切さ

ここまではデータそのものについての話でしたが、次は進んで「**パラメーター**」の話です。ピンとこないかもしれません。データさえあれば何だってわかる、AIという便利な機械に「ビッグデータ」を投げ入れてしまえば、人間は何もしないでも AI が判断してくれる……そう誤解する向きがあるようです。こういうおとぎ話は部分的には間違ってはいませんが、表面的で不正確です。でも「何を」判断するのでしょうか。次の $L(p)$、$L(\lambda)$、$L(\mu)$ を見ながら考え、パラメーターを動かしてみてください。データが凧ならパラメーターは手元の糸です。

Key Word　**パラメーター**▶数理的方法において重要な働きをなす定数をいう。値は外部から任意に仮定・想定されるから、その意味では可変である。

［二項分布］1. pが大きければ効く薬、小さければ効かない薬、中間ならば・・・

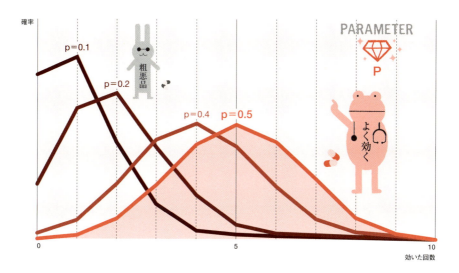

［ポアソン分布］2. λが大きければミスしやすい（人）、小さければミスしにくい（人）・・・

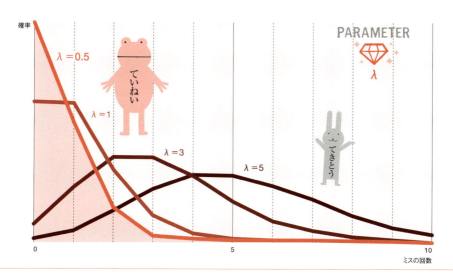

[正規分布] 3. μが大きければ高血圧のリスクが高く、小さければ低い、中間なら…

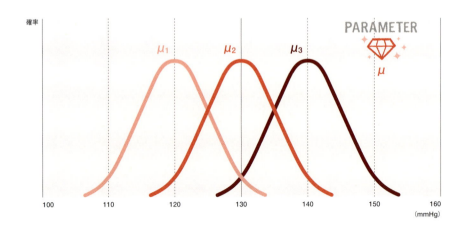

すべて、パラメーターが元になっていますね。今、実際の（p）、（λ）、（μ）の値を（データ x から）知ることは、人間に代わる AI の重要な目的、役割です。

なぜなら、人は自分では、効かない薬は飲まないし、入力ミスには改善を考え、血圧が高ければ治療や生活改善を考えます。それを AI にまかせるなら、コンピューターは結局、データ x の出方から「パラメーターを知る」というインテリジェントな作業を中でやることになるのです。だから L(p)、L(λ) などと書くのです。現代用語では「経験から」と呼んだり、格好いい言葉で**「教師あり学習」**などと言っているのです。

Key Word　教師あり学習 ▶ 機械学習の一方法。最初にデータ例と正解例を与えられてパラメーターを学習、フィッティングをおこない、その後の答えのないデータに対して学習より答えを導きだす。

パラメーターの出方に濃淡：ベイズ統計学の憲法

（p）、（λ）、（μ , σ^2）が決まれば、確率論的に、それに対応してxの出方の確率分布が決まります。ではそれぞれの確率分布の図に戻って再度確認してください。それぞれ似てはいるが、だいぶ様子が違うことがわかります。それだけではありません。パラメーターの可能性の濃淡がすっきりと読み取れるのです。なお、以後、尤度はL(p)、L(λ)、L(μ , σ^2) などとし、xは必要に応じて入れるものとします。

たとえば、1.の二項分布でx＝7としましょう。図を見ると、4通りのpの中でp＝0.1、0.2ならこれ（x＝7）はほとんどありえませんね。つまり、逆にp＝0.1、0.2自体が非常に可能性は低いことがわかる（ここの言い方の微妙な違いと、論理の展開に気をつけてください）。p＝0.4、0.5ならこのxは十分ありうるし、しかもp＝0.5でのほうがよりありうる。逆に言えば、p＝0.4、0.5が可能性は高く、しかも後者のほうがより高い。

ちなみに、ここでx＝1ならどうですか。p＝0.1、0.2、0.4、0.5の中で今度はp＝0.1が最も可能性が高く、順に低くなっています。また、x＝4ならp＝0.4が可能性は最大です。

さしあたりxのことは忘れ、まとめると、次のことが最低限言えそうです。

pの値はわからないが、0〜1の中にあることは確かで、
しかも出方の濃淡の違いがありえて、
すべての（無限にあるが）場合が平等とは限らない。

このことを「ベイズ的」に表現するなら、こういう言い回しになるでしょうか。

ある原因から起こっていることには違いないが、その原因はわからない。
ただし、すべての可能な原因が同等とは限らず、
おのずから有力な（可能性の高い）原因とそうでない原因に分かれる。

これが基本的な約束、「ベイズ統計学の憲法」と言ってもよい原則です。

CHAPTER 3-3

事前分布
まずは、自分で決めることにした

{ 薬がどの程度効くのか、
飲んでみないとわかりません。
けれど効かない薬なら、
飲みたくないのも事実です。 }

ベータ分布がポピュラー

薬を飲もうとしている友だちに、この後あなたなら、どうアドバイスしますか。
シナリオ①
「薬なんだから、効かないよりはある程度は効くんじゃないの」
シナリオ②
「まあ、効くかもしれないし、効かないかもしれない。そう言うほかないなあ」
それによって、**あなたが用意する事前分布**は違ってくるでしょう。

なかなか難しいですね。でも、どちらのシナリオが正しいかではなく、どちらも「原因」の推論として**ありうる**と認めましょう。それが「ベイズ」の自由さでもあります。原因の濃淡（原因の出方の確率）とは、つまり事前分布のことになります。今回の場合は、1-6（036ページ）「壺と玉のモデル」と違ってpが0〜1なので書ききれませんが、数学的には容易です。次にw(p)を表します。

ベータ分布を用いた事前分布で、pのあり方の濃淡

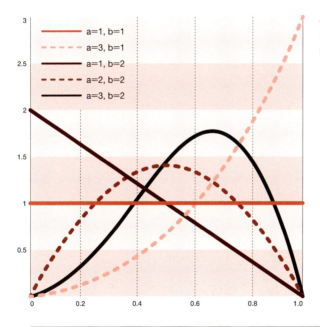

ベータ分布のグラフの一例。aとbをいろんな数字にするといろいろな形に変化します。

pが0〜1の上の確率分布には**ベータ分布** Be(a, b)というのがあります。(a, b)を変化させることでいろいろな形になります。「ベータ分布」を聞き慣れない人も多いかもしれませんが、ベイズ統計学ではポピュラーです。今はとりあえず、値によって千差万別する針金細工のような、いろいろなグラフの形に親しんでください。a=3、b=2では、0.65くらいが一番可能性の高いpですね。

Key Word　ベータ分布 ▶ [0,1]上の代表的な連続分布。2つの形状パラメーター(a,b)をもった多項式あるいは代数関数を密度関数の主要部とする。二項分布に対する事前分布に用いられる。

ちなみにエクセルではこのようになります。

BETA.DIST(XX, a, b, FALSE, 0, 1)

a=2, b=2 の場合：＝BETA.DIST（XX,2,2,FALSE,0,1）

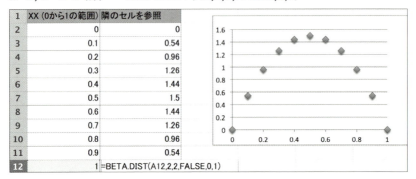

a=3, b=2 の場合：＝BETA.DIST（XX,3,2,FALSE,0,1）

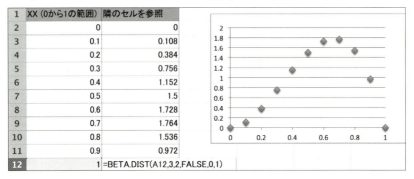

XX には0から1の値、この図では隣のセルを参照しています。

Key Word | BETA.DIST(XX,a,b,FALSE,0,1) ▶ エクセルでベータ関数の密度関数を呼び出すコマンド。XX には数値やセル番号を指定する。a、b はパラメーターでそれぞれ数値を入れる。

数式もこのあと多少必要ですので簡略に書いておきます。a、bで異なる定数が入るのですが、ここでは単にkとまとめて、

$$w(p) = k \cdot p^{a-1}(1-p)^{b-1} \quad p=0\sim1$$

となります。p、1−pに注意し、かつ念のためa−1、b−1にも注意しておいてください。なお、そもそも、このベータ分布の式は、L(p) の1.の二項分布の式からヒントとして思いつきます。このヒントは今後も有用です。

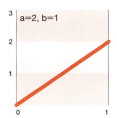 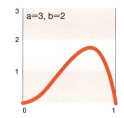 

さて、シナリオ①なら（a=2, b=1）あるいは（a=3, b=2）が候補となるでしょう。p=1.0（100％必ず効く）は普通は起こらないとすれば、（a=3, b=2）と決まります。
シナリオ②なら事前分布は（a=1, b=1）でOKです。いずれにせよ、これで事前分布が決まりました。いや、**そう決めました。**

主観性とは主体性

わからないことや、判断が難しいこと、データがまだ十分に得られていないことに対して、従来の統計学では最初の一歩が慎重にとられました。
一方でベイズ統計学では、「あらゆることが考えられるが、まずはこういう可能性が高いのでは」という個人の主観から第一歩をはじめることができるのです。個人の考え方や主観を大切にするのです。主観性とは、主体性です（元の英語は同じ）。

CHAPTER 3-4

事後分布
考えが改まるのがベイズ

> まず、事前分布を定めておこう。
> 次に、起こった事実に基づいて考えを改めよう。
> 事実の尤もらしさで
> なにもないところから真実に近づいていこう。
> その姿が事後分布です。

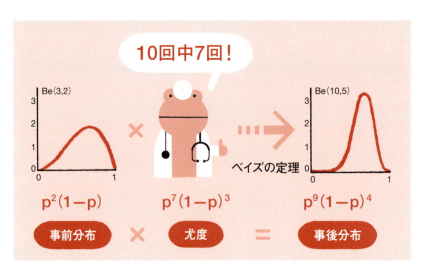

事後分布は意外にシンプル

薬の場合は、実際に「どれだけ効いたか」の確率が、尤度になります。
ベイズの定理から、事後分布はいつものごとくストレートに、

事前分布（w）×尤度（L）

の計算です。あと分母は全確率（確率の和）＝ 1 になるように割って調整しているだけですから、（必要なら）考えるのは、最後でいいでしょう。図でも省略しています。

さて、3-3（082 ページ）からの薬についてのシナリオ（①）の続きが、

「10回（週）飲んで、7回効いたわ」

だったとします。そこで、w でも L でも、定数は略して、w(p)、L(p) の主要部はこのようになります。

$$p^2(1-p) \times p^7(1-p)^3 = p^9(1-p)^4 \quad (a=3, b=2)$$

事後分布
結局、事後分布は a＝10、b＝5 のベータ分布、エクセルでは BETA.DIST（XX, 10, 5, FALSE, 0, 1）で出ることになりました。ベイズの定理がたった一行になったのです。いいですね。

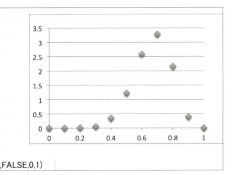

ベイズ統計学は事後分布の結果をもって一応の結論とするため、従来の統計学の「検定」「推定」のように、最終結論が一通りピシッと出るようには終わりません。しかし、そこがむしろ人間の知能に似ている「ベイズ統計学」のメリットで、**事後分布からいろいろな有用な結論を切り出すことができる**、のです。事後分布とそれからの推論をまとめておきます（E、Vの計算式は省略してあります）。

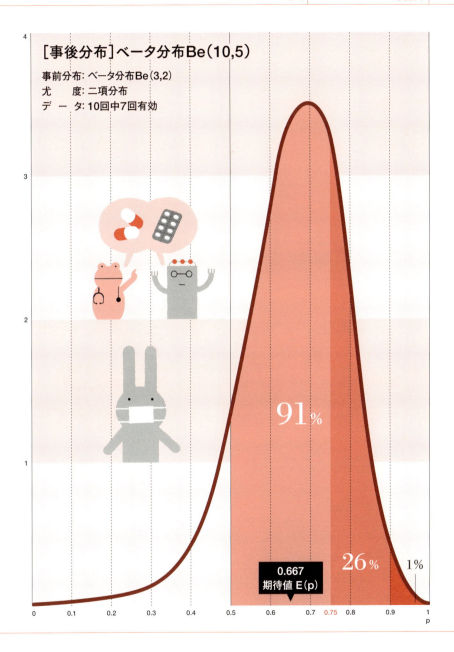

CHAPTER

ポアソン分布に対するベイズ推論

滅多にないことでも、気をつけて！

その昔、騎兵たちが馬に蹴られて死んでしまう確率の分布を調べたのが、この「ポアソン分布」という代表的な分布の一つです。

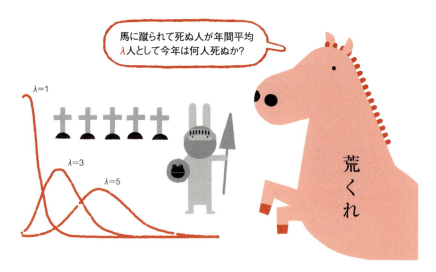

騎兵事故から由来

ベイズ統計学の分析は、事前分布、尤度、事後分布……と推論が定型化されていますが、自動化されているわけではありません。読者の方も気がついたかもしれませんが、**「事前分布の採用」**が大きく結果を左右するため、その選択がベイズ統計学の歴史の重要な課題でした。

Key Word　ポアソン分布▶数学者ポアソンが希少現象に対し提唱した離散型の確率分布。0ないしは正整数の確率を与える。指定は平均生起回数による。

090

さらに言えば、「事前分布」そのものに対する（よって「ベイズ統計学」そのものに対しても）批判が長らくありました。ここまで学んできたように、事前分布をうまくとれば意外なほどスムーズに論理的に進めることができます。それはポアソン分布や正規分布の場合でもそうです。これからポアソン分布の場合を簡単に解説しておきましょう。ここまでくれば、セミプロの入口のまた入口です。なお、由来である騎兵事故についてですが19世紀のプロシア（ドイツ）での話です。当時の騎兵には徴兵された素人が多かったのです。騎兵が馬に蹴られるのはプロとして名折れですが、慣れていったとしてもまれに事故は起こります。

事前分布はガンマ分布を

ポアソン分布の式は、

$$L(\lambda) = e^{-\lambda}\frac{\lambda^x}{x!}$$

と、初学者には込み入っていて扱いづらいかもしれません。要はλの事前分布を**ガンマ分布**にすることです（それも煩わしいのであれば、一足飛びに092ページの「まとめ」に行ってもかまいません）。

式をパラメーターλの関数$L(\lambda)$として見ると、（λの）指数関数、累乗、そして階乗（!）が入っています。λの尤度$L(\lambda)$と同類の形の事前分布を採用すれば、二項分布の場合と同様に、尤度と数学的に折り合いよく結合すると予想されますね。それにはガンマ分布$Ga(a, \ell)$があります（記号にΓ、また通常パラメーターの文字としてℓにはλを使いますが、ポアソン分布のパラメーターλと混同するのでここではℓとします）。すなわち、定数をk（a, ℓを含む）として、パラメーターλの事前分布は、

$$w(\lambda) = k \cdot \lambda^{a-1}e^{-\ell\lambda}$$

を採用します。エクセルでは、

Key Word | **ガンマ分布** ▶ 確率分布の一つで指数分布の一般化。ベイズ統計学ではポアソン分布に対する事前確率分布に用いる。

GAMMA.DIST(XX, a, 1/ℓ, FALSE)

です（1/ℓとするのが変ですが、エクセルの特殊な記述なので気にしないでください）。先に挙げた079ページの入力ミスの例を図で見ておきましょう。
a＝4、ℓ＝2の場合、エクセルでは、

＝GAMMA.DIST(XX,4,1/2,FALSE)

と入力します。

Key Word　GAMMA.DIST(XX,a,1/ℓ,FALSE) ▶ エクセルでガンマ関数を呼び出すコマンド。XXには数値やセル番号を指定する。a、ℓはパラメーターでそれぞれ、数値を入れる。

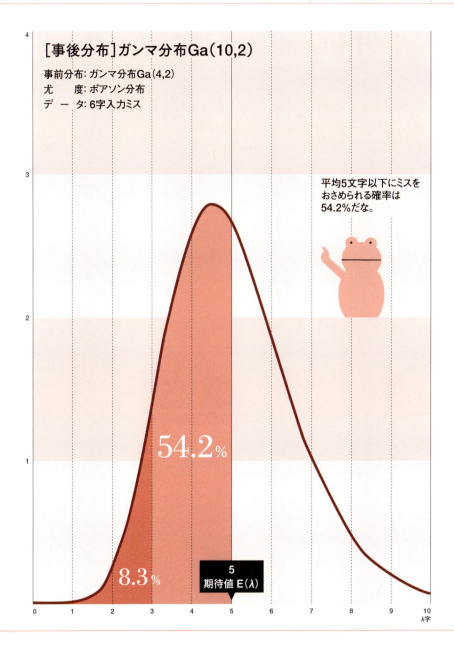

CHAPTER 

正規分布に対するベイズ推論

なぜか、そういう形になってしまう

> さておなじみの正規分布の場合です。
> たとえば尤度の分布、
> 事前確率分布が、
> 正規分布だったらどうでしょう。
> 事後確率分布も最終的に正規分布となります。
> この応用は、統計学全体に広がっています。

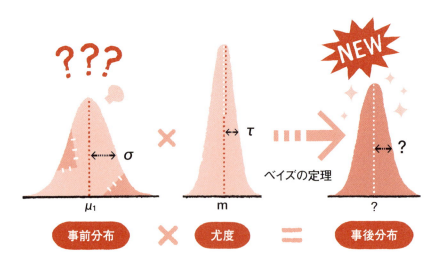

正規分布でトリオ

正規分布への推論の課題で、ベイズ統計学はいよいよ完成段階を迎えます。正規分布の尤度は、記号 $N(\mu, \sigma^2)$ で、

$$L(\mu) = \frac{1}{\sqrt{2\pi\sigma^2}} \exp\left\{-\frac{(x-\mu)^2}{2\sigma^2}\right\} \quad -\infty < x < \infty$$

この式はとにかくも、「正規分布」と聞いて多少ホッとする人も多いでしょう。パラメーターは μ（平均）および σ^2（分散）ですが（σ として扱う場合も多い）、式はやや複雑なので、初学者はエクセルの関数で以下を入力して親しみましょう。

NORM.DIST(XX, μ, σ, FALSE)

なお、ここで簡単に考えるために、σ^2 はわかっていて推論対象ではないとし、パラメーターは μ だけで、尤度も $L(\mu)$ としましょう。エクセルでは分散 σ^2 ではなく、標準偏差 σ を入力します。

まず、都合のいい事前分布の見当をつけるために、今までと同様に、μ を動かし（x は止めて）変化を見ましょう。ところが $(x-\mu)^2 = (\mu-x)^2$ で、μ の関数として見ても正規分布がよさそうと見当がつきます。なお分数はまた別ですね。すなわち、事前分布はまた正規分布 $N(m, \tau^2)$ の形がよく、

$$w(\mu) = \frac{1}{\sqrt{2\pi\tau^2}} \exp\left\{-\frac{(\mu-m)^2}{2\tau^2}\right\} \quad -\infty < \mu < \infty$$

を採用します。ただし、この m を決める客観的基準はないので、それぞれ独自の考えによるほかありません。分散 τ^2 も同様です。ギリシャ文字 τ は σ の次で「タウ」と読み、t に対応します。これで、事前分布が定まりました。

Key Word　NORM.DIST(XX, μ, σ, FALSE) ▶エクセルで正規分布を呼び出すコマンド。XX には数値やセル番号を指定する。μ、σ は平均、標準偏差のパラメーターでそれぞれ数値を入れる。

計算法 ①**尤度が正規分布**、②**事前分布も正規分布**にすると、計算の結果、③**事後分布も正規分布**となって、すべて正規分布の中で収まります（正規分布トリオ）。その反面、かえって三者関係は理解しにくく、かつ正規分布自体の式も易しいと言えません。ただし、指数関数の中は$L(\mu)$も$w(\mu)$もμの二次式ですから、$L(\mu)$も$w(\mu)$も二次式が指数関数の中に入ります。したがって正規分布の形となります（詳しくは略します）。試してください。

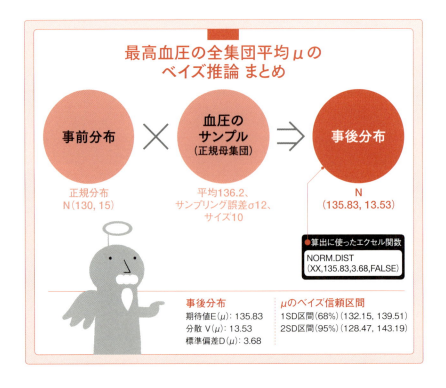

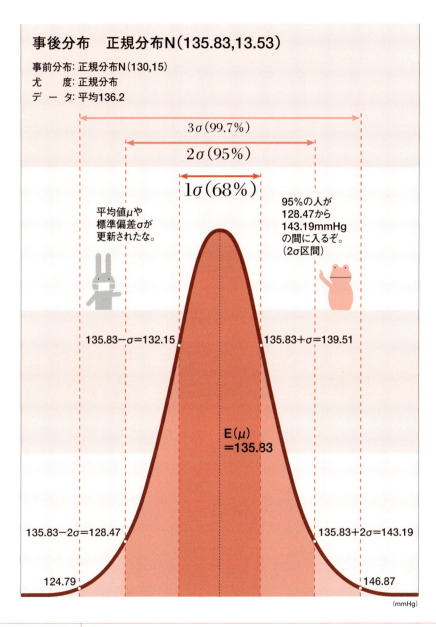

Key Word 正規母集団 ▶ 母集団にはデータを生み出す確率分布を想定するが、しばしば正規分布が想定される。

CHAPTER

階層モデル（ハイアラーキ型）
複数の「分布」をまとめる「分布」

> 人間にしても国や宗教、
> 人種や言葉、年齢や性別、
> さまざまな母集団があるわけです。
> さまざまな母集団に属する分布を
> 扱っていきましょう。
> 事後分布は多少やっかいになります。

ピラミッド型にすれば有用

ここまでで、ベイズ統計学は基礎的な確率分布を知っていて、それを仮定さえすれば、サンプルの情報以外の多様な副次的情報をうまく取り込んで、さしたる難しい計算もなく合理的な結論に達することができました。

一方で、この仕掛けをうまくいかせるためにはかたくるしいところがあります。ちなみに血圧の例で言えば、サンプルは単一の母集団からと仮定されます。しかし、現実のケースなら、性別では２母集団、年齢世代別なら数個の母集団に分かれて、データも異なった平均の正規分布にそれぞれ属するはずです。もちろ

Key Word 　母集団▶調査あるいは分析対象の背後集団をさす。人の調査なら国民全体、生産ラインなら生産された製品全体などをさす。一般には、理論上の仮想集団でサンプルをとって調査する。

ん、サンプルもかなり大がかりになるでしょう。したがって、**サンプルの出現のしかたの確率分布モデルの数**を増やし、横に広げて「ピラミッド型」として、複数の分布全体を決める（いま一つの）「まとめの分布」を置けばよいでしょう。たとえば**人口全体の中での集団別の平均血圧の分布**です。

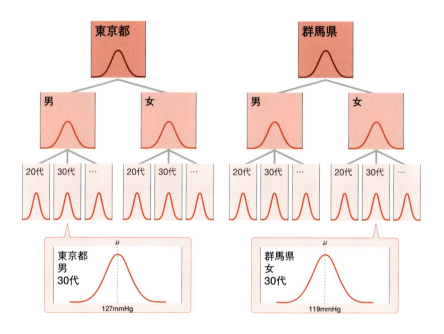

階層モデル（正規）

このようにすれば、ベイズ統計学による分析の実際的な応用範囲は、かなり広がります。横に広がったから、縦方向にも伸び、図示するとピラミッド型（ハイアラーキ）になります。「**ハイアラーキ**」（Hierarchy）とは立体的な「階層」と訳され、会社や組織によく見られるピラミッド型のタイプで、もとはヨーロッパ中世の大司教を頂点とする教会組織を指します。ここまでのベイズ統計学の基本モデルと大きくは変わりませんが、母集団を分けたことで理論的には精度はより高

くなるので、ここでは例をいくつか示しておきましょう。

SATの短期対策講座の効果を評価する

アメリカでは大学受験用英語の TOEFL がよく知られていますが、基本学力試験には SAT（Scholastic Assessment Test 学力適性試験）があります。ワンショットの短期対策講座は一般には大きな学力増進効果はないとされていますが、それでも一定の効果はあります。いくつかの高校 A 〜 H は短期対策講座を実施しました。対策講座には当然プラス効果が期待されますが、タイプでどう異なるか、全体横断的にはどうか、試験の点数データをもとに詳しく知りたいのです。ところが、下のデータを見てみましょう。大きな効果は 18 〜 28 に及びますが、小さいものは 7 〜 12 程度であり、またマイナスもあってバラバラです。ばらつきが大きく推定しても意義ある結論を得にくいのです。

個別推定（平均、標準偏差）

講座	A	B	C	D	E	F	G	H
平均 y_i	28	8	−3	7	−1	1	18	12
標準偏差 σ_i	15	10	16	11	9	11	10	18

このばらつきを選り分けていけばすっきりするかもしれません。そこで、正規分布で、今度は単一でなく 8 通りのコースの平均がそれぞれ、

$$\mu_A、\mu_B、\cdots、\mu_H$$

で分散 $= \sigma^2$ を考えます。次に、以前と同様にこれらが事前分布として（別の）正規分布で、

$$平均 = \mu_全、分散 = \tau^2$$

からきているとすれば、これが階層モデルとなります[*]。あとは μ_A、μ_B、$\cdots$、μ_H

---

[*] 階層モデルではこれらを「ハイパー・パラメーター」、その分布を「ハイパー事前分布」と言うことがあります（通常のベイズ統計学と異なります）。

の事後分布を、それぞれの 8 通りの集団の点数データから求めればいいでしょう。その計算手続きはおおむね以前と同様ですが、多少込み入っています（細かく言えば、$\mu_全$ がわかりませんが、これは受験者のデータの全平均を用います）。μ_A、μ_B、…、μ_H の事後分布は下記の通りになりました（シミュレーションを含む）。

各効果の推定値（階層ベイズモデル）

講座	2.5%点	25%点	中央値	75%点	97.5%点
A	−2	7	10	16	31
B	−5	3	8	12	23
C	−11	2	7	11	19
D	−7	4	8	11	21
E	−9	1	5	10	28
F	−7	2	6	10	28
G	−1	7	10	15	26
H	−6	3	8	11	23

確かに、どの講座もおおむねプラスの効果を持ちますが、その程度は講座によって異なります。ただし、おおむね 30 点を大きく超えません。

MCMC サンプリング

他にも、階層モデル（二項）、階層モデル（ポアソン）もあり、そのほか多種の階層モデルがありますが、さすがに高度で事後分布の計算式はありません。「マルコフ連鎖モンテカルロ（MCMC）」サンプリングのアルゴリズムの一つ「ギブス・サンプラー（Gibbs Sampler）」（交互の条件付き MCMC サンプリング）によるシミュレーションが広く応用されています。一時は MCMC による計算が、ベイズ統計学だと言われるくらいの勢いでした。欲しい分布の乱数の発生法はいくつか考案されてきましたが、マルコフ連鎖が（ある条件のもとで）極限分

布を持つことに注目して、逆に極限分布が欲しい分布になるようなマルコフ連鎖を技巧的につくり出すのです。モンテカルロ・シミュレーションの一方法にすぎず、特に理念があるわけではありませんが、ベイズ統計学に汎用性を与えたメリットは大きなものがありました。実用には、WINBUGS、BAYSEM、JAGS などが開発されているということを用語だけ書き留めておきます。

理解のためにマルコフ連鎖とその極限分布を求めておきましょう。ビールのシェアの問題を例にとってみます。A ビールの消費者は A ビールにとどまる者（65％）、B ビールに移るもの（25%）、C ビールに移るもの（10%）のように好みが変わります。B ビール、C ビールも表のように変わり、推移するうちにある割合で落ち着きます、これが極限分布です。

ビールシェア移動のマルコフ連鎖（例）

	Aビール	Bビール	Cビール
移行先▶ Aビール	65%	10%	35%
移行先▶ Bビール	25%	70%	25%
移行先▶ Cビール	10%	20%	40%

TRAINING 3-1

練習問題

3-4（086ページ）にならって事前分布を a＝3、b＝2のベータ分布とし「10回飲んで3回しか効かなかったわ」のときの事後分布について考えてみましょう。事前分布からどう変化しましたか。

定数は略して、w(p) L(p) の主要部分は、

$$p^2(1-p) \times p^{(❶)}(1-p)^{(❷)} = p^{(❸)}(1-p)^{(❹)}$$

❶ _____   ❸ _____

❷ _____   ❹ _____

結局、事後分布のベータ分布は、

(a＝ ❺ _____ , b＝ ❻ _____)

と変化した。

練習問題 解答

TRAINING 3-1

❶ 3
❷ 7
❸ 5
❹ 8
❺ 6
❻ 9
（右のグラフも参照）

ベータ分布 Be(6,9) の数値とグラフ

0	0.0000
0.1	0.0776
0.2	0.9673
0.3	2.5240
0.4	3.0990
0.5	2.1995
0.6	0.9182
0.7	0.1987
0.8	0.0151
0.9	0.0001
1	0.0000

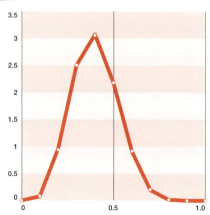

CHAPTER

ベイズ統計学の応用と具体的実例

Application of Bayes statistics to Practical examples

CHAPTER **4-1**

因果のネットワーク
やはり因果関係は大切

食材(データ)は名シェフと
レシピがあってこそ料理になる。
「シェフ」はあなたであり、
「レシピ」は統計的分析力、推論力です。
いま一度、名シェフにレシピを。
まず、「ベイジアン・ネット」を紹介します。

試されるあなたの分析力、推論力

最近、「データ・サイエンス」とか「ビッグデータ」という言葉が流行していますが、データがすぐさま価値を生むように誤解されているようです。そういう言い方がまったくできないわけではありませんが、地図もないのに無手勝流で金鉱を掘り当てるようなもので、費用対効果からは労多くして功少なしです。それでは仕事になりません。データだけあればいいなら、あなた自身は不要です。食材

があり、そこに名シェフとレシピがあってこそ料理になる、食材（データ）だけでは成果は出ません。「シェフ」はあなたであり、「レシピ」は統計的分析力、推論力です。

ベイジアン・ネットとは

「因果関係」というのは、統計学ではよく使う考え方ですが、日常用語としては意外と難しい言葉のようです。一部のビッグデータ論者の間では「難しいのでやめましょう」という極論もあります。因果関係とは「原因」と「結果」の関係です。「ボールがガラス窓に当たったのでガラスが割れた」とか、「雪になったのは気温が下がったためだ」とか、「道路面が凍結するので車がスリップする危険がある」とか、「タバコを吸いすぎたので肺がんになった」とか、いずれも因果関係が想像される関係です。ここまで学んできた人にはベイズ統計学は人の思考に近い、と感じるところがあるでしょう。

下図で、エンジンがかかりません、ガス欠ですか？ バッテリー故障ですか？ そこで、**ライト**がつくか、つかないかの確率からバッテリー故障の事後確率の計算になります。これは因果関係のネットワークになります。

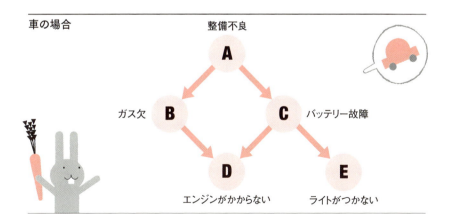

CHAPTER 4-2

あなたもベイズ探偵！
確率で決めてみよう

街には無数の選択肢があふれています。
ベイズ統計が最適な解決を
指示してくれるかもしれません。

シャーロック・ホームズでもネットワークになる

シャーロック・ホームズの登場する推理の小説『四つの署名』(The Sign of the Four) の場面を例にしましょう。「たとえばだがね、観察によれば、君(ワトソン)はウィグモア街の郵便局へ行って、推論によれば、そこで電報を打ったことがわかる」「観察すると、君の靴の甲に赤みがかった土が少しついているのがわかる。ウィグモア郵便局の真向かいのところは、最近舗装をはがして土を掘り返しているから、その土を踏まずに郵便局へ行くのは難しい。それは独特の赤みを帯びていて、僕の知る限り、近所では見当たらないものだ。ここまでが観察で、残りは推論というわけだ」このように因果関係の線で結んだ図はできます。ただし、この

事態は繰り返し起きるものではないのでデータが取れず、さしあたりとしてベイズの定理に必要な確率が得られませんが、探偵は直観で知っているのでしょう。

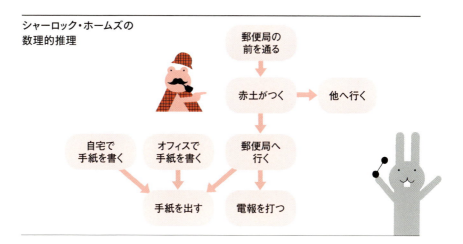

シャーロック・ホームズの数理的推理

「ベイズの定理」は「結果から原因を探る論理を、確率の数理で表す定理」ですから、これを組み合わせれば、さまざまに複雑な因果関係もそれなりに表現できそうです。複雑になると人間は考えられなくなったり、気分や成り行きにまかせるかもしれませんから、機械と人間のズレも出てきます。もちろん「機械」のほうが正しいというものでもありませんが、参考にはなります。

ベイズ的会話をネットワークに

P君　「ムシムシするね。湿度が高いんじゃない？」
Nさん　「雨になるわ。だからよ」
P君　「そうかな、さっきまでは晴れていたじゃない。そんな急に……」
Nさん　「窓を開けましょうか」
P君　「え、閉めてたの？」

Nさん 「そう、雨になるから私さっき閉めたのよ」
P君 「どうして？　だからムシムシするわけだ」
Nさん 「でも、私、やはり雨のせいだと思うわ」
P君 「うーん、そうかな……」（考え込む）

P君は【窓を閉めた】のが原因でムシムシしていると思っているのですが、一方でNさんは【雨が降る】のが原因でムシムシしていると思っています。湿度が高い原因は雨でしょうか？　この小さな口論に数字で結論を出すには、どういったデータが必要でしょうか？

因果関係、つまり「原因」と「結果」の関係を矢印で結んで、図示するとわかりやすくなります。これを「**有向非巡回的グラフ**」と言います。矢印は両方向ではなく、グラフ全体で巡回することはありません。

有向非巡回的グラフ

状況は整理できましたか。「有向非巡回的グラフ」より以下のようなデータさえ入手できていればいいはずです。
　①雨が降る・降らない確率
　②雨が降るとき・降らないときで、窓を閉める・閉めない尤度
　③（降る・降らない）×（閉める・閉めない）の4通りで
　　湿度が（上がる・上がらない）の観測結果

Key Word　有向非巡回的グラフ▶結合のみならず出発から目的への方向が定められ（有向）、かつ非巡回（結線によって出発点へ戻る回路がない）のグラフ。

①は天気予報ですね。②や③はP君がまめに記録しているかもしれません。これからはIoT（Internet of Things：あらゆる物がインターネットに接続され、記録、操作ができる世の中）の時代ですから、窓の開閉情報や部屋の湿度の移り変わりは記録されていくことでしょう。

雨が降る・降らない確率

　　雨が降る確率＝0.40、雨が降らない確率＝0.60

雨が降るとき・降らないときで、窓を閉める・閉めない尤度

　　雨が降るとき窓を閉める＝0.70、雨が降るとき窓を閉めない＝0.30
　　雨が降らないとき窓を閉める＝0.05、雨が降らないとき窓を閉めない＝0.95

（降る・降らない）×（閉める・閉めない）の4通りで湿度が（上がる・上がらない）の観測結果

雨	窓	湿度が上がらない	湿度が上がる
降る	閉める	0.10	0.90
降らない	閉める	0.20	0.80
降る	閉めない	0.35	0.65
降らない	閉めない	0.99	0.01

計算の過程は紙幅の都合で表しませんが、参考までに①～③のデータについて上記のような数値があると、ベイジアン・ネットを用いてお部屋のムシムシの原因の可能性について、

　　【雨が降る】ことが原因：　0.752

と算出することができます。

CHAPTER 4-3

医学的意思決定判断
人工知能はベイズで命を救う

IBMの人工知能「ワトソン」がわずか10分で、今まで治らなかった難病患者の治療法を見つけたのは耳に新しい話です。これは膨大な医学論文とベイズ統計学でなしとげた技だったのです。ネットワークに確率を与えるとAIになります。

シリコンバレーで、1970年代に

1970年代の中頃、スタンフォード大学医学部教授エドワード・ショートリフは、病原バクテリアの分類をコンピューターと対話形式で行い診断する知識ベースシステム（エキスパートシステム）であるMYCINを開発し、その後の医療AIのはじまりとなりました。医療診断はAIの大きな可能性のある分野なのです。

さて、**転移性腫瘍**は脳に転移して脳腫瘍になり、あるいは**高カルシウム血症**から、

Key Word　転移性腫瘍▶最初の発生部位（原発巣）から近傍あるいは遠方部位に転移し増殖した腫瘍。

いずれも昏睡を引き起こすことが知られています。また脳腫瘍は激しい頭痛をもたらします。今、ある受診者には**昏睡はないが激しい頭痛がある**として、はたして元の転移性腫瘍があるのでしょうか？　それを知りたい。用いる事前確率と尤度はデータとして以下に与えられています。

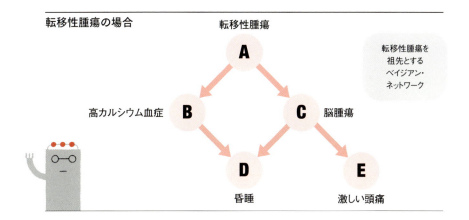

転移性腫瘍の場合　　　　転移性腫瘍

高カルシウム血症　　　　　　　脳腫瘍

昏睡　　　　　激しい頭痛

転移性腫瘍を祖先とするベイジアン・ネットワーク

事前確率	
「転移性腫瘍」	0.10

尤度	
「転移性腫瘍」から「カルシウム」	0.80
「転移性腫瘍」でない、から「カルシウム」	0.10
「転移性腫瘍」から「脳腫瘍」	0.30
「転移性腫瘍」でない、から「脳腫瘍」	0.20
「カルシウム」であり「脳腫瘍」である、から「昏睡」	0.60
「カルシウム」でなく「脳腫瘍」である、から「昏睡」	0.50
「カルシウム」であり「脳腫瘍」でない、から「昏睡」	0.40
「カルシウム」でなく「脳腫瘍」でない、から「昏睡」	0.20
「脳腫瘍」から「頭痛」	0.90
「脳腫瘍」でない、から「頭痛」	0.70

「激しい頭痛」が「ある」場合、Eの箇所から転移性腫瘍の可能性をベイジアン・ネットで算出する。今までの症例がデータとして蓄積されていることでコンピューターで短時間での確率計算が可能となる。

Key Word　高カルシウム血症▶血液中のカルシウムの濃度が異常に高くなった状態、血清補正Ca濃度が11mg/dl以上のことを高カルシウム血症という（12mg/dl以下で軽度、14mg/dl以上で高度）。

転移性腫瘍があれば、昏睡および激しい頭痛が現れる可能性がありますが、昏睡はないようです。では、転移性腫瘍の可能性は低くなったのでしょうか。このあとの計算の過程は省略しますが、病院で蓄積しているクエリのデータベースと合わせて丹念にエクセル等で計算すれば、事後確率は次のように算出されます（一例）。このあとの計算の過程は 126 ページで補足しますが、事後確率は次のように算出されます（数値は実際のものとは異なります）。

転移性腫瘍である確率は8.3%以下

このように、データがあれば、ベイジアン・ネットを搭載した人工知能が病気の確率を割り出すことも可能となります。データの蓄積、共有によって、遠い辺境で罹患した老人や子どもでも、都会の大学病院でしか受診することができない専門医の診断を待つことなく、人工知能で迅速な症状の原因を判断できるようになっていくことでしょう。

統計ソフトRを用いた医学的意思決定判断

ここまでの計算は、原データでなくその集計値（確率）で知りました。実はその集計の作業が大変なのですが、**統計ソフトR**はその作業もカバーします。R は実例データを持っていて、たとえばデータ名 birthwt（Birth Weight、出生時体重）で出生時低体重を問題にその関連因子の諸関係を探求できます。

Low	新生児の低体重	❶	Ptl	早産経験	❶
Race	人種	❶	Ftv	通院頻度	❷
Smoke	喫煙	❶	Age	母親の年齢	❸
Ht	高血圧	❶	Lwt	母親の体重	❸
Ui	子宮の過敏	❶	Bwt	出生時体重	❸

データ尺度　❶ 名義尺度　❷ 順序尺度　❸ 比尺度

Key Word | R▶中級者の統計プログラミング言語。エクセルよりはレベルが高く、しかもフリーウェアであり教育上習熟は望ましい。よく普及しているが品質保証はない。

関数 network を実行すると下図のような因果連関を自動計算してくれます。喫煙（Smoke）、高血圧（Ht）、子宮過敏（Ui）が原因ですが、前2者は人種（Race）にも依存します。喫煙には人種、子宮過敏も影響があり、高血圧は子宮過敏をもたらす傾向があります。

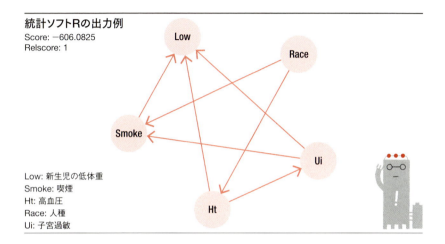

統計ソフトRの出力例
Score: −606.0825
Relscore: 1

Low: 新生児の低体重
Smoke: 喫煙
Ht: 高血圧
Race: 人種
Ui: 子宮過敏

なお何通りかの因果関係は本来ありえず、あらかじめ否定されます。因果関係は原因から結果へ向かう矢印で表現されますから、Race へ入る矢印は当然なく、Low は説明されるべき結果ですから、ここから発する矢印もありませんね。

CHAPTER 4-4

あやめのベイズ判別

線形判別関数で「かたち」の認識を行う

> ルックスも、ベイズ統計学を用いて
> 人工知能が自動的に判別する日が
> やってくるかもしれません。
> とにかく、まずは花でやってみます。

パターン（柄を認識する）

私たちは「パターン」を見てそれは何か（どんなものか）を判定したいことが多いでしょう。「パターン」とはたとえば、図柄、文字、物体、絵画などの芸術作品、文章（テキスト）、音声、最近では人体あるいはその一部（顔・容貌、体格、手、指紋、歯型、医療情報パターンなど）、植物……などです。これが数値化されます。

特に、最近は容貌がその中心です。顔は人が人を個別識別するための、きわめて多様複雑な情報に富んでおり、識別点は相当に大きな数にのぼります。すなわち、AI の対象として数理的には人の顔データはきわめて高次元であり、AI の一分野である「**深層学習（ディープラーニング）**」が人の顔を重要で意義のある認識・判別対象にしているのも、もっともかもしれません。しかしここではそこまで論じません。

フィッシャーのあやめ

その中でも、以前から理論の説明例にしばしば取り上げられるのが、統計学者ロナルド・フィッシャーの「あやめ（Iris）」のデータであり、多変量による判別の典型と考えられています。1、2 次元のデータの扱いが普通である統計学から見れば、多様な「あやめ」の花を、

x_1＝がく片の長さ
x_2＝がく片の幅
x_3＝花弁の長さ
x_4＝花弁の幅

のたった 4 次元でとらえるのも十分に進んだ方法です。目的は、これがどの品種の「あやめ」かを判別する意思決定であり、判別対象はさしあたりカナダで育成し採取された 3 品種、

1：アイリス・バージニカ
2：アイリス・ベルシカラー
3：アイリス・セトーサ

です。3 品種でそれぞれ 50 例ずつ計 150 例がデータ・セットとなります。

Key Word **深層学習（ディープラーニング）**▶多層（4 層以上）のニューラル・ネットで学習する機械学習。コンピューターの性能向上によって近年もてはやされている。

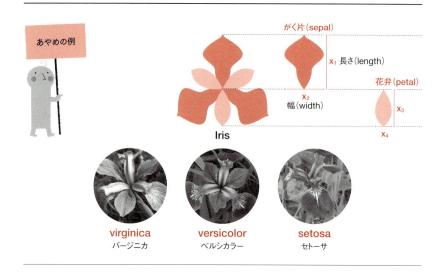

品種1、2、3の事前確率 w_1、w_2、w_3 を定めたとして、品種が未知のあやめ（x_1, x_2, x_3, x_4）のデータ数字をベースにし、ベイズの定理から、元の由来の品種を決める意思決定の方式を定めたい（いわゆる「教師あり」機械学習です）。それには、データ（x_1, x_2, x_3, x_4）の出方の確率分布を3通りうまく仮定し、それを尤度として、事前確率（w）×尤度（f）を次のようにつくります。

$w_1 \cdot f_1(x_1, x_2, x_3, x_4)$
$w_2 \cdot f_2(x_1, x_2, x_3, x_4)$
$w_3 \cdot f_3(x_1, x_2, x_3, x_4)$

（共通の分母は略）

これからベイズの定理で品種1、2、3の事後確率を定め、事後確率が最大の品種（1、2、3のいずれか）が求める品種です。つまり、

$w_1 \cdot f_1(x_1, x_2, x_3, x_4)$ が最大 ⇒ (x_1, x_2, x_3, x_4) はバージニカに属す

などと決定します。ここまでが肝要な原理になります。

	品種	がく片長 (x_1)	がく片幅 (x_2)	花弁長 (x_3)	花弁幅 (x_4)	virginica	versicolor	setosa
1	virginica	6.3	3.3	6.0	2.5	0.915	0.068	0.017
2	virginica	5.8	2.7	5.1	1.9	0.536	0.421	0.043
3	virginica	7.1	3.0	5.9	2.1	0.682	0.282	0.035
4	virginica	6.3	2.9	5.6	1.8	0.476	0.487	0.037
5	virginica	6.5	3.0	5.8	2.2	0.756	0.215	0.029
				（ 中　略 ）				
51	versicolor	7.0	3.2	4.7	1.4	0.401	0.438	0.161
52	versicolor	6.4	3.2	4.5	1.5	0.495	0.347	0.158
53	versicolor	6.9	3.1	4.9	1.5	0.419	0.464	0.117
54	versicolor	5.5	2.3	4.0	1.3	0.155	0.778	0.067
55	versicolor	6.5	2.8	4.6	1.5	0.346	0.551	0.103
				（ 中　略 ）				
101	setosa	5.1	3.5	1.4	0.2	7.00E-21	8.00E-44	1.000
102	setosa	4.9	3.0	1.4	0.2	7.00E-20	2.00E-38	1.000
103	setosa	4.7	3.2	1.3	0.2	3.00E-20	2.00E-40	1.000
104	setosa	4.6	3.1	1.5	0.2	3.00E-19	2.00E-36	1.000
105	setosa	5.0	3.6	1.4	0.2	7.00E-21	4.00E-44	1.000
				（ 中　略 ）				

計算方針

まず尤度 f（x_1, x_2, x_3, x_4）に3通りの**4次元正規分布**を仮定するのがよいでしょう。これは程度が高いのでこれ以上述べませんが、そもそも生物のサイズが正規分布にしたがうことは、日ごろから知られているところです。

ここでは［がく片の長さ］［がく片の幅］［花弁の長さ］［花弁の幅］の4次元がありますから、それぞれ平均、分散（あるいは標準偏差）が4通りずつあり、それぞれの間の相関係数も6通りあって、これらを合わせて4+4+6=14通りの指標をもとに4次元正規分布が1つ定まります。

Key Word　n次元正規分布▶正規分布の一般化。n次元空間内の確率分布で各次元の分布（周辺分布）が一次元正規分布となる。各次元間に相関があり単にn通りの正規分布ではない。

品種		がく片長 (x_1)	がく片幅 (x_2)	花弁長 (x_3)	花弁幅 (x_4)
virginica	平均	6.588	2.974	5.552	**2.026**
	標準偏差	0.636	0.322	0.552	**0.275**
versicolor	平均	5.936	2.770	4.260	**1.326**
	標準偏差	0.516	0.314	0.470	0.198
setosa	平均	5.006	3.428	1.462	**0.246**
	標準偏差	0.352	0.379	0.174	0.105

あやめ3品種の指標例。平均、標準偏差の他にもそれぞれの間の相関係数が6通りあり、あわせて14通りの指標をもとに4次元正規分布がそれぞれ1つ定まる。

たとえば、がく片の幅を除く3変数では、セトーサが格段に大きさが小ぶりであり、f_1、f_2、f_3の違いにこれら平均の違いが効いてくると想像されます。ただし、理論の便宜上は標準偏差の種の間の違いは無視されます。

事後確率最大でベイズ判別

このようなわけで、途中の計算過程を省略し、各バージニカ、ベルシカラー、セトーサが最大の事後確率を持つためのx_1、x_2、x_3、x_4の条件は、計算を簡単にするため事前確率をすべて等しく$w_1 = w_2 = w_3 = 1/3$とすることで、ある関数の不等式になります。この関数の不等式に基づき、自動的に判定すればいいでしょう。

そのための関数は2通りだけで表すことができます。種が未知のアイリスに対し、測定した(x_1, x_2, x_3, x_4)にそれぞれ比重をつけた点数方式で、まず、

$$F_{12} = -3.2456X_1 - 3.3907X_2 + 7.5530X_3 + 14.635X_4 - 31.5226$$
$$F_{13} = -11.0759X_1 - 19.916X_2 + 29.1874X_3 + 38.4608X_4 - 18.0933$$

の2通りを計算しておきましょう。3つ目として単に、

$$F_{23} = F_{13} - F_{12}$$

も計算した上で、次のルールにしたがって判別することができます。判別領域も図にして示しておきましょう。線形判別関数 F_{12}（x軸）、F_{13}（y軸）の値によって自動的にあやめの種類が判別されます。

$F_{12}>0$で、 $F_{13}>0$ ⇒ バージニカ
$F_{12}<0$で、 $F_{23}>0$ ⇒ ベルシカラー
$F_{13}<0$で、 $F_{23}<0$ ⇒ セトーサ

これが求めるベイズ判別の方式です、領域は3つに分割されました。

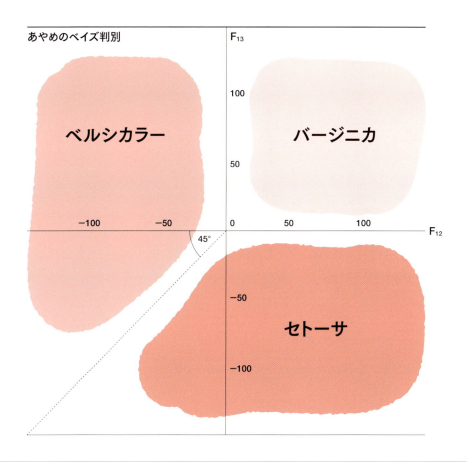

CHAPTER **4-5**

判別分析でワイン・テイスティング

判別分析でヒトの味覚に迫る

> そんなことまで、数字や確率で直接表現できてしまうの？
> というのがベイズ統計学の
> ダイナミックなところです。
> クオリティーを伝えておけばAIソムリエが
> ぴったりのワインを選んでくれます。
> まだ開発途上ですが、紹介します。

化学成分から元のワインを

人のソムリエに近い「AIソムリエ」が可能なら、すばらしいでしょうか、味気ないでしょうか。それはさておき、これには本質的な難しさがあります。つまり、

ワインの感覚的味わい ⇔ 化学成分データ ⇔ 銘柄の統計的判別
　　　　　　　　　　　①　　　　　　　　②

という2段階の判別があります。②はまず問題ないでしょう。データ（企業秘密ということもありますが）さえあれば十分に判定可能です。

ただし①は人の味覚、嗅覚などの感覚計量化がきわめて難しいところがあります。せいぜい粗い分類なら、ある種の大脳モデルである「**自己組織化マップ**（Self-Organizing Map、SOM）」などのアイデアもありそうですが。ここでは②を解説します。

次に、ワインの銘柄は統計ソフトRに入っている北イタリア・ピエモンテ地方産の3種類です。

1. ネッビオーロ Nebbiolo
2. バルベーラ Barbera
3. グリニョリーノ Grignolino

まず、化学成分は次の13種類でこれをデータとして元（ワイン銘柄）を判別します。

1. エチル・アルコール
2. リンゴ酸
3. 灰分
4. 灰分のアルカリ性
5. マグネシウム
6. 全フェノール（ポリフェノール）
7. フラボノイド
8. 非フラボノイド
9. プロアンセノール（抗酸化剤）
10. 色彩度
11. 色相
12. 分光学的特性
13. プロリン（必須アミノ酸）

Key Word 　**自己組織化マップ▶**脳記憶野の情報収納機能を模した多次元データ簡約法で、教師なしのニューラル・ネットワーク。表示は2次元表示（マップ）上の遠近による。

LDAとSVM

統計ソフト R にはデータ・セットが用意されています。では、本書の主旨とはそれますが、ベイズ判別を補う手法として、操作的ですが、多変量解析で判別を行いましょう。変数のスコア関数の**級間・級内分散比最大化基準**と呼ばれる「**線形判別分析**（Linear Discriminant Analysis、LDA）」によるものとします。

銘柄名	❶	❷	❸	❹	❺	❻	❼	❽	❾	❿	⓫	⓬	⓭
Nebbiolo-01	13.20	1.78	2.14	11.2	100	2.65	2.76	0.26	1.28	4.38	1.05	3.40	1050
Nebbiolo-02	13.24	2.59	2.87	21.0	118	2.8	2.69	0.39	1.82	4.32	1.04	2.93	735
Nebbiolo-03	14.06	2.15	2.61	17.6	121	2.6	2.51	0.31	1.25	5.05	1.06	3.58	1295
...	...	...	...	...	...	...	...	...	...	...	...	...	...
Barbera-01	12.64	1.36	2.02	16.8	100	2.02	1.41	0.53	0.62	5.75	0.98	1.59	450
Barbera-02	12.17	1.45	2.53	19.0	104	1.89	1.75	0.45	1.03	2.95	1.45	2.23	355
Barbera-03	12.37	1.17	1.92	19.6	78	2.11	2.00	0.27	1.04	4.68	1.12	3.48	510
...	...	...	...	...	...	...	...	...	...	...	...	...	...
Grignolino-01	12.86	1.35	2.32	18.0	122	1.51	1.25	0.21	0.94	4.10	0.76	1.29	630
Grignolino-02	12.70	3.55	2.36	21.5	106	1.7	1.20	0.17	0.84	5.00	0.78	1.29	600
Grignolino-03	12.25	4.72	2.54	21.0	89	1.38	0.47	0.53	0.80	3.85	0.75	1.27	720

❶エチル・アルコール ❷リンゴ酸 ❸灰分 ❹灰分のアルカリ性 ❺マグネシウム ❻ポリフェノール ❼フラボノイド ❽非フラボノイド ❾抗酸化剤 ❿色彩度 ⓫色相 ⓬分光学的特性 ⓭プロリン

すなわち、13変数からうまく判別するために「点数」（スコア）化した和をつくりますが、ただ加えるのでは無意味で、最もよく判別できる比重をつけて加えます。これを「第1（線形）判別スコア（LD_1）」と言います。この構成法が級間・級内分散比最大化基準です。

1つの判別スコアでは不確実なら、これを補うために別の比重で「第2判別スコア（LD_2）」をつくります。LD_1、LD_2合わせて2次元平面でうまくグループ化できれば、判別は成功します。

Key Word | **級間・級内分散比最大化基準** ▶ 線形判別分析における援用スコアを決定する基準。級の間の乖離（離れ方）を測るが、その単位を級内の乖離にとる。

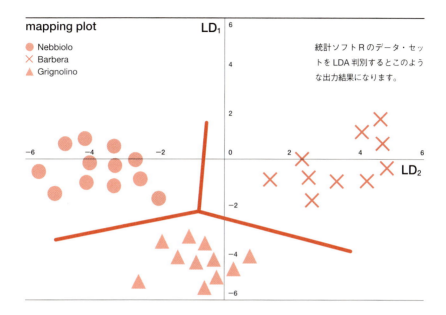

ベイズ判別とLDAは考え方も結果も重なる部分はなく、別物であると言っていいでしょう。ベイズ判別は理念的な基礎がしっかりしていますが、LDAは操作的で格別の根拠はありません。ただそれだけに自由で、「サポート・ベクター・マシン（Support Vector Machine、SVM）」への展開が今日よく考えられています。

この方法のヒントは数学（関数解析、位相空間論）で言う「分離超平面定理」や「支持超平面定理」（発想は前者、ネーミングは後者）からきています。「支持」はsupport、「超平面」はvector（ベクトル）に深く関連しています。超平面で分離できるかどうかが判別に通じている、というわけです。

Key Word　線形判別分析 ▶ 多くの変量の重み付き和をスコア（評点）とし、その大小により客体の帰属先を決定する多変量解析の方法。

ベイジアン・ネットによる転移性腫瘍の確率

114ページ補足

A 転移性腫瘍
0.1

B 高カルシウム血症
AだからB 0.8
AでなくB 0.1

C 脳腫瘍
AだからC 0.3
AでなくC 0.2

D 昏睡
BもCもあってD 0.6
Bない・CあるでD 0.5
Bある・CないでD 0.4
BもCもないのにD 0.2

E 激しい頭痛
CだからE 0.9
CでなくE 0.7

イマココ

① 上記から、(B, C) の確率が、次のように求められる。A による (B, C) の事前確率 p は、

転移性腫瘍による高カルシウム血症及び脳腫瘍の確率

	BもCもある	Bない・Cある	Bある・Cない	BもCもない
Aのとき(0.1)	0.8×0.3=0.24	(1−0.8)×0.3=0.06	0.8×(1−0.3)=0.56	(1−0.8)×(1−0.3)=0.14
Aでないとき(0.9)	0.1×0.2=0.02	(1−0.1)×0.2=0.18	0.1×(1−0.2)=0.08	(1−0.1)×(1−0.2)=0.72

② 昏睡 (D) はなくても、なおかつ厳しい頭痛 (E) がある人の尤度は、

昏睡はなく頭痛がある人の高カルシウム血症及び脳腫瘍の尤度

	BもCもある	Bない・Cある	Bある・Cない	BもCもない
Dはない	1−0.6=0.4	1−0.5=0.5	1−0.4=0.6	1−0.2=0.8
Eがある	0.9	0.9	0.7	0.7
DはなくEがある	0.4×0.9=0.36	0.5×0.9=0.45	0.6×0.7=0.42	0.8×0.7=0.56

③ ベイズの定理によって事前確率（①）×尤度（②）が事後確率となり
A である 0.1×(0.24×0.36＋0.06×0.45＋0.56×0.42＋0.14×0.56) ＝ 0.0427
A でない 0.9×(0.02×0.36＋0.18×0.45＋0.08×0.42＋0.72×0.56) ＝ 0.4725
となるので A (転移性腫瘍) である確率は 0.0427/(0.0427＋0.4725) → 8.3%以下

TRAINING 4-1

練習問題

あやめの判別で、セトーサに対する判別結果は他の2種とは異なった特色があります。
どのような点ですか。また、それはどのようなことを意味すると考えられるかを、119
ページの表より考察してみしましょう。

練習問題 解答

TRAINING 4-1
(解答例) セトーサの平均を見るとあきらかに他の種と異なると見分けられ、かつその見分けの確率は高い。セトーサはバージニア、ベルシカラーに比べて明らかに花弁長（x_3）、花弁幅（x_4）の値が小さく、花弁の小さい品種であると言える。また、わずかな確率ではあるがベルシカラーをセトーサと判断する確率のほうが、バージニカをセトーサと判断する確率より大きい。
（以上は要旨ですが、データを引用したり、セトーサの確率〈1.00〉などに言及したり、他の種に触れたり適宜説得力のある解説文を作成することができれば研究者の資質ありと認められるでしょう。）

CHAPTER

運動と制御とベイズ統計学

Bayes statistics on Dynamics and Control

CHAPTER

ナビゲーション・システム
変化しつづけるイマとココを追う

> もしあなたが道に迷っても、
> 最新のナビゲーションはベイズ統計学を利用して
> あなたを正しい場所へと導きます。
> 「正しい」が「元々の」という意味であれば、
> ベイズの考えが使えるのです。

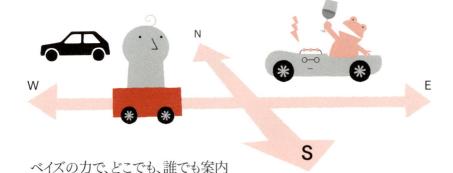

ベイズの力で、どこでも、誰でも案内

交通手段が発達し、それに伴って「自分がいる位置を自分が知らない」という（ある意味で）哲学的課題を解決したのが「ナビゲーション・システム」（ナビ、navigation）です。特に主体が動いている場合です。もとはラテン語の「船」を意味する navis（ナウィス）に由来する言葉です。車、船、飛行機、宇宙飛行物体などナビに用いられている統計的技術が「カルマン・フィルター」なのです（5-3、138ページ参照）。カルマンの理論は難解だったのですが、ベイズ統計学の力で簡単に説明されるようになりました。基になるデータは GPS（Global Positioning System、全地球測位システム）に属する衛星からのデータです。地上のどのような点も、少なくとも3つの衛星から見えるように、その位置が設計されています（133ページのイラストも参照）。

ナビは要らなかった

カルマン・フィルター、ひいてはベイズ統計学は、現代社会のインフラを支えていると言っても言いすぎではないでしょう。自分のことで恐縮ですが、私はつい先日までカーナビのお世話になる必要はありませんでした。東京在住だった私は、高校生時代から商家の手伝いで、東京23区はほぼくまなく公共交通機関プラス徒歩でまわったものです。当時、地下鉄は銀座線一本だったので、より細かい都バスおよび都電（全40系統）のネットワークで縦横に動きまわりました。

それから50年以上経ちますが、車でも地図やナビを見ることはなく、東京都全体はもちろん首都圏はほぼ頭に入り、車で「迷って」も10分以内には知っている道へ出ることができます。スタンフォード大学留学生時代も、カリフォルニア州（日本より面積が大きい）はずいぶん走りまわりましたが、1時間以上迷った経験はありませんでした。コツは、「点」と「線」（ネットワーク）に徹し、2次元を動きながら「面」は捨てることです。

ところが、イギリスでは様子が違いました。イギリスをはじめ欧州の地番には「丁目」という大きな地域区分がなく、代わりにすべて固有名詞地名からいきなり最終「番地」に飛びます。さらに、イギリスでは道路交差点はほとんどロータリー式で一切信号がなく、信号待ち停止というものがありません。3方向とも常時進行可で、知らない交差点で停止し、直進か右折か左折かを考えたり判断する一瞬の気持ちの余裕もないのです。もちろん地点表示もなく、いったん進行方向を誤るとどこへ連れていかれるかわかりません。路傍には何もなく夜はまったく漆黒の闇……。これでは旅行の時間の予定が成り立ちません。

以後、私は方針を転換し、現代の人並みにカーナビつまりカルマン・フィルターやベイズ統計学のお世話になることになったのです。私たちは旅先の地方のしきたりを認めながらも、数学と統計学で言葉の壁を越え、誰でもその日から、まるで近所を歩いているかのようにふるまうこともできる、ということです。

「動きつづけるもの」の背後にベイズ統計

同じ「位置」でも、元から「動いているとき」と「止まっているとき」では様子が異なります。その位置が自分であるのか他の対象物体であるのかを問いません。止まっていれば、一通りの位置という「元」を対象にすればいいだけで、問題は統計的に比較的単純になります。しかし、動いているとなれば、①対象の動き、②それを観測している自分（観測者）の、2本立てで表現しなくてはなりません。このとき、たとえば位置だけでなく運動の速度も問題なら、「位置と速度」のまとまりが「状態」のはずです。

もっとも、こう言うと何か天体や飛行物体、運動物体の観測のイメージが強くなりますが、今日必ずしも見かけでそう限る必要はありません。本質では、瞬時も止まることなく自動作動しているベルトコンベアー・ライン式生産（さらにはロボットによる生産）も、作動の状態は最初から最後まで一定で変動しないとは限りません。不良品率の状態も、元は長時間でゆるやかに変動しているかもしれません。さらには、計量経済学が対象とする一国のマクロ経済システムも、運動体であることは言うまでもありませんし、そもそも「人」を医学的に見れば、刻々と変動しつつも生命を維持する壮大な運動システムと見ることもできるでしょう。

5-1 | ナビゲーション・システム

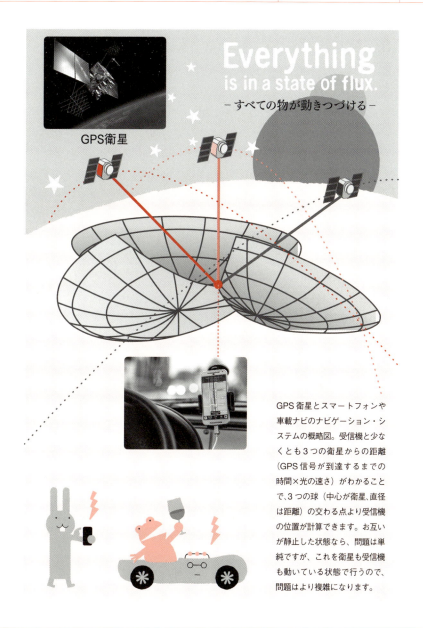

GPS衛星とスマートフォンや車載ナビのナビゲーション・システムの概略図。受信機と少なくとも3つの衛星からの距離（GPS信号が到達するまでの時間×光の速さ）がわかることで、3つの球（中心が衛星、直径は距離）の交わる点より受信機の位置が計算できます。お互いが静止した状態なら、問題は単純ですが、これを衛星も受信機も動いている状態で行うので、問題はより複雑になります。

CHAPTER

運動方程式と観測方程式
状態の動き方を方程式にする

「すべての物は変化しつづける」
という決まりだけが、
今も昔も、変わることのない真実です。
そして、誤差のない観測はありません。
ナビでも数十センチの誤差はあります。

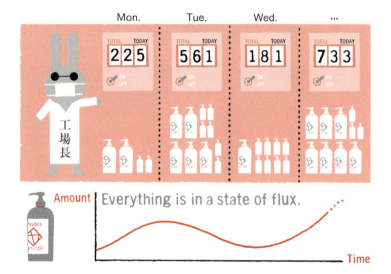

知りたくても状態は動いている

先にも述べたように、「動き」というものを人工衛星の例で言うなら、エンジンやスラスターのような推進部、操舵部のようなシステムの作動の結果として表すことができるでしょう。工場のベルトコンベアー生産で言うならば、できたものの数の変化や不良品の数の変化を「動き」としてとらえることができるでしょう。

Key Word　**運動方程式** ▶ 一般に運動の状態を微分方程式あるいは差分方程式で表した式。力学での言い方を一般化している。

動きにはそれを表す式があるはずです。物理学なら力学で言う**「運動方程式」**ということになります。ここでは各課題にふさわしい式になるでしょう。ほんの一例ですが、わかりやすくするために、

現在の状態＝１期前の状態×G＋外乱

ということにしておきましょう。G を乗じたのは速度や速度の変化があることを仮定しているからです。G = 0.8 なら外乱を別にすれば、1 つ前の状態から、現在の状態へ 2 割小さい状態まで動いたことを意味します。

また**「外乱」**は、どんな場合も実際の運動というものは、理論と「寸分狂いなく成り立つものではないのです」と仮定するためのものです。こういう考え方が、統計学の基本発想なのです。人工衛星なら運動に対する抵抗、他の物体からの干渉作用（いわゆる摂動）、生産システムなら機械の摩擦、劣化、あるいは人為エラー（ヒューマン・エラー）などを指します。

もちろん、一般には G も外乱も時間的には一定と限らず、時間の関数で表現されます。上記の式は、現在の状態を θ_t、1 期前の状態を θ_{t-1}、外乱を u_t と表すことで、以下のようになります。

$\theta_t = G\theta_{t-1} + u_t$

望遠鏡のように

単純なイメージとして、人工衛星の例では、観測は「望遠鏡」や地上の「受信システム」に相当し、かつ観測には当然誤差がありました。ベルトコンベアーでは定期的にサンプリングしたデータが観測データで、これにはサンプリング誤差があります。誤差はなくすことはできません。何かを知ろう、観測しようとすることがその世界の秘密に誤差を与えてしまうことだってあるのです。誤りはあるも

Key Word │ **外乱▶** 予測あるいは原因の想定できない小誤差をも算入し、モデルの正確を期するための補正量。

のだ、と心構えをしたほうが、人生も楽で豊かになるはずです。

いずれにせよ、観測の方程式を、

観測データ＝真の状態（シグナル）×F＋観測に対する外乱（誤差）

のようになっているとしましょう。「シグナル」とは、誤差を除いた、当の伝えられるべき正しい情報のことで、ここでは元の「状態」を指します。

そのまま生の形で伝わるのではなく、何らかの変換を受けて観測されます。生産ラインの不良品率なら、100個あたりの不良品の出現数として100倍されて観測、記録されるでしょう。もちろん、観測のされ方はさらに一般的でありえます。マクロ経済の経済成長率が「状態」なら、それは失業率として観測されるかもしれません。そこで上の式を、時間 t も考えに入れて観測されたデータを y_t、真の状態を θ_t、観測に対する外乱を v_t と表すことで、以下のようになります。

$$y_t = F\theta_t + v_t$$

問題は、この観測データからいかにして瞬時に「状態」を知るかにかかってきます。

このイラストを例にとると、子供たちの安全を守る（制御）には、子供の動き方（状態）にもランダム性があるのはもちろんのこと、見守る側（観測）の見落としや誤解があることも考慮に入れなければなりません。

状態が動く状態空間

動きつづけるあなたと、観測しつづける私の状態は常に更新されつづけます。「状態空間」とは、状態がその中で動く範囲のことを言います。よく知られる関連の言葉に「サイバネティックス（Cybernetics）」があります。ナビと同様にこれも「船」に関係する言葉で「舵手」を意味していますが、この観測部分が状態空間表現です。空間とは「集合」を意味し、普通より広義の言い方です。状態空間表現のメリットは、何よりベイズ統計学を採用して順当に機能しているというところです。それには2つの誤差 u_t、v_t に正規分布を仮定します。ナビでは v_t の標準偏差は数十センチとされています。

状態空間表現

先に上げた対象の動きプラス観測している自分を並べた複線形のモデルを専門用語で「状態空間表現」といいます。言い換えるなら「動的対象＋観測時系列分析のモデル」と考えればよいでしょう。これから述べるカルマン・フィルターの最初の理論は複雑な式だったのが、ベイズ統計学を取り込んで、すっきりした形になりました。これが自動運転などに応用されます。

状態の誤差も、観測の誤差も正規分布を仮定すれば、順当に機能します。

CHAPTER

カルマン・フィルターのアルゴリズム
ベイズで高精度にイマとココを知る

「カルマン・フィルター」は
自動運転には必須のアルゴリズムです。
ルドルフ・カルマン教授が発見しました。
飛行機に応用される流体力学の「カルマン渦」は
セオドア・フォン・カルマン教授にちなんでいます。
混同されがちですが別人なのです。

フィルターとは誤差を除く「ふるい」

「カルマン・フィルター(Kalman filter)」という言葉は、少し抽象的ですが、

> 時系列で取られ、統計的誤差など不確実要素を含むデータに基づき、ベイズ推論、確率分布推論の方法によって、単一の観測値を用いるよりは、さらに精度の高い現状態の推定を、各時点で与えるアルゴリズム。

ということになるでしょう。ここで「現状態」の「各時点で」、つまり now & here、「いま」と「ここ」の推定となります。

あいまいさを「除去」するフィルター

カルマン・フィルターは「予測」ではありません。実際、「フィルター（filter）」につき、次の基本タームを知っておくとすっきりするでしょう。

> **未来： 予測。現在より先の将来値を定める（実現するとは限らない）**
> **現在： フィルタリング（filtering）。現在値を定める（誤差を落とす）**
> **過去： スムージング（smoothing）。平滑化。過去の値を整える**

すなわち、フィルタリングは現在のあいまいさを「除去」し、「しっかりと」位置決めすることが主目的で、別に未来の予測には関わりません。ここでいう、「フィルター」とは「ふるい」、つまり何かを分けるもの、何かを除去するもの、という意味です。それでも、時系列データに対していきなりカルマン・フィルターを構成することはできず、状態空間表現の上に定義されます。

1 期先予測

運動のルールが運動の方程式として与えられているのですから、その意味だけなら前期 t−1 から今期 t の予測は簡単であるでしょう。外乱 u_t は比較的小さく、しかも平均 0 だからあえて無視すれば、t−1 ⇒ t によって、

$$\hat{\theta}_{t-1} \Rightarrow G\hat{\theta}_{t-1}$$

と変えれば θ_t になるでしょうか？ θ の上に付いた記号「＾」は「ハット」と読み、推定量であることを意味します。ただし、これだけではまだ想像しただけの「生煮え」でまだ仮のものです。θ_t とはできません。そこでもう一度記号を変え、不偏推定量「～（チルダ）」としました。t の時点ではデータがあるはずなので精度がよくなるはずです。

$$\hat{\theta}_{t-1} \Rightarrow G\tilde{\theta}_{t-1}$$

Key Word ┃ **不偏推定量** ▶ 推定量の期待値が母集団の期待値と等しくなる推定量。

イノベーション（新着データ）

巷でもよく聞くようになりましたが、「**イノベーション**（innovation)」は本来、「新しくすること」「刷新」という意味があります。時間 t がきて、新着のデータ y_t が θ_t の推定 $\tilde{\theta}_t$ に新たに情報として加わります。しかし y_t が100%新しいわけではありません。先に述べた1期先予測 $\tilde{\theta}_t$（つまり $\tilde{\theta}_{t-1}$）から、すでに観測の方程式を経由して y_t が $F(G\tilde{\theta}_{t-1})$ としてある程度は予測されているはずですので、正味の新しい情報として加わるのは、「イノベーション」と呼ばれる正味差額だけです。

$$e_t = y_t - F(G\tilde{\theta}_{t-1})$$

ここが、ベイズ統計学が活きるポイントとなります。多少難しくなってしまいますが、ラフに説明します。ベイズの定理は、

事前分布： 平均＝G_{t-1}、分散＝（略）の正規分布
尤　　度： イノベーション e_t が正規分布

として、3-6（094ページ）で見た通り、

事前分布（正規分布）×尤度（正規分布）⇒ 事後分布（正規分布）

から、首尾よく事後分布として正規分布がしたがいます。

カルマン・フィルターを得る

事後分布の平均を θ_t の推定に用いると、最終的に所望のカルマン・フィルターは

$$\theta_t = G\tilde{\theta}_{t-1} + Ke_t$$

として得ることができます。K とは詳しくは略しますが、ここでは述べなかった分散で表されます。K は「**カルマン利得**（Kalman gain)」という定数です。リアルタイムで $G\tilde{\theta}_{t-1}$ とイノベーション e_t を $1:K$ で用い、K の分だけイノベーシ

Key Word ｜ イノベーション▶本来は「新しくなる」、ここではその量。旧状態から新状態への変化量。

ョンを取り入れることができます。当初のカルマン・フィルターの議論は煩雑な式の連続だったのですが、今日ではこのようにベイズ統計学の中ですっきりと整理解説されることになっているのです。これによって直前の$\tilde{\theta}_{t-1}$から現在の$\tilde{\theta}_t$が、一発でリアルタイムに出ることになりました。なんと素敵なことでしょう。

カルマン・フィルターでうさぎを追跡する

物でも人でも、道理でも、何かを追いかけるときというのは最初は遠くても、だいたいの方向にわっと駆け出していく。そのうちに徐々に近づいていって最後は、そっとすくい上げる。そういうものなのです。

「♪うさぎ追いしかの山、こぶな釣りしかの川」と歌いますが、魚釣りは太公望の例を挙げるまでもなく、静止してのんびりと釣り糸を垂れていれば、獲物はやってきますが、うさぎは追いかけて探さなければなりません。「追いかける」ことと「探し求める」ことを同時に行わなければならないので、事態は複雑になってくるのです。動いている元を「うさぎ」にたとえて話を進めていきましょう。うさぎはランダムに1次元で動くことにし、時点tにおける位置を状態θ_tとする。θ_tをカルマン・フィルターで推定します。カルマン・フィルターは、運動方程式、観測の方程式をもとに多少、式だけは一般化しておきます。状態空間表

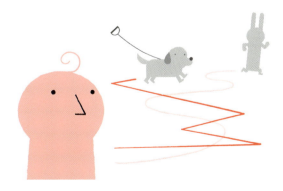

Key Word カルマン利得 ▶ 運動対象の現在状態の推定問題(フィルタリング)をリアルタイムで行うカルマン・フィルタでは、過去の予測値と現在の観測値が統合されるが、現在の観測値の貢献率のこと。

現として、2つで1組の式で与えられます。

$$\theta_t = G_t \theta_t + u_t$$
$$y_t = F_t \theta_t + v_t$$

簡単にするために t に関わりなく、パラメーター（G_t, F_t）は、

$$G = G_t、F = F_t$$

とし、外乱 u_t、誤差 v_t についても分散は時間不変で、

$$u_t の分散 = \sigma^2 = 2$$
$$v_t の分散 = \tau^2 = 1$$

とするとカルマン・フィルターは、

$$\hat{\theta}_t = \hat{\theta}_{t-1} + \frac{1}{2}(y_t - \hat{\theta}_{t-1})$$

となります。カルマン利得は2分の1になってしまいます。この状態を言葉で説明しましょう。

- 直前の値 $\hat{\theta}_{t-1}$ を観測値 y_t から引きます
- それを0.5倍します
- それを直前の値に加えます

「現在の値」がふらふらして定めにくいなら、この手続きによるのが本当の値です。これで誤差を除くことができます。たとえば、$\theta_0 = 5.0$ のとき、うさぎの位置 θ_t の状態の運動（原系列）、およびうさぎを追って素早く追随するカルマン・フィルターは次ページの図のようになり、すぐに、うさぎはついに追いつかれてしまうのです。

| 5-3 | カルマン・フィルターのアルゴリズム |

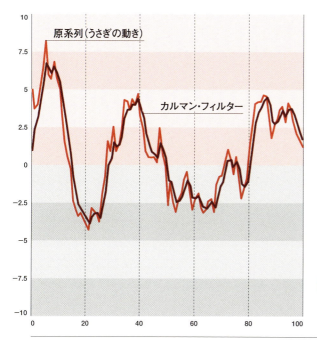

カルマン・フィルターはうさぎを追いかける犬の思考に似ている。徐々にうさぎとの位置の誤差を小さくして、いつしかうさぎに追いついてしまう。

CHAPTER 5-4

自動運転
ベイズ統計学搭載の夢の技術

もしかしたら、ワインを飲みながら
よそ見をしながら、映画を見ながら、
夢の自動運転技術が
現実になるのでしょうか。
ところで、ドライブする楽しみはどうなるの?
ホットなトピックの自動運転についてまとめます。

「自動運転車」の定義

動く対象の課題として脚光を浴びている話題の一つに、自動車の自動運転があります。私は、「自動車（automobile）」というものは、動力は機械が出すが、制御（control）は人間が行い、人間が「動かして」いるから、むしろ「人動車

（homomobile）」とでも言うべきであると考えています。これと異なり「自動運転車」は「自律車（autonomous car）」とか「無人運転車（driverless car）」、あるいは「自己運転車（self-driving car）」と言うのが適当でしょう。

自動運転は、人間と機械が制御を分担する割合から、5～6レベル（日本では4レベル）に分けて進展する、と国際的に取り決められ、昔から使われている述語「オートメーション（automation）」つまり「自動化」を用いて、

　　　レベル0　運転の自動化なし　No Driving Automation
　　　レベルⅠ　運転者補助　　　　Driver Assistance
　　　レベルⅡ　部分的運転自動化　Partial Driving Automation
　　　レベルⅢ　条件付運転自動化　Conditional Driving Automation
　　　レベルⅣ　高度運転自動化　　High Driving Automation
　　　レベルⅤ　完全運転自動化　　Full Driving Automation

と基準化されています。具体的にはアクセル、ブレーキ、ハンドルの操作を運転者がどの程度担うかによりますが、たとえば、高速道路における自動的車線変更あるいは先行車への追従走行など、レベルⅡあたりが、さしあたりの開発目標になるでしょう。

自動運転車と自動運転技術

いずれにせよ、レベルⅤの完全自動化は至難の業で実現は気の遠くなる話であり、そもそも可能かどうかも疑わしいSF的課題です。実際に「車内でワインも飲める車」は飲酒運転になるのか、あるいは運転はしていないからOKとなるのか、といったように、法体系にも大きな社会的関わりがあります。そもそも運転は作業というより楽しみという人もいることでしょう。

日本では、車は日本の「モノづくり」の優位をもとにしていて、その延長で車（モノ）に自動運転の要素技術を装備し、それを積み重ねて自動運転車に到達しようとしています。

しかし、今日の段階で、先行車への追従走行（追突防止も）や車線変更、それも高速道路上で、という課題のレベルでは、現実の場面での「自動運転車」の目標は限りなく遠く、個々の要素技術とはまったく別の次元の異なる概念です。私が従来から懸念していた「モノづくり」の成功が裏目に出た死角なのかもしれません。実際、人が車を運転する周囲環境は途方もなく多様で複雑です。運転者はこれを機敏に情報処理して安全かつ快適に運転しています。下の図の①から⑨を見てください、考慮すべき因子は気の遠くなるほど多様です。イラストにしてみると、運転免許更新の講習会の内容にも重なる緊張場面さえありますね。これを全AI化するためには、多くの試行錯誤が必要になることでしょう。

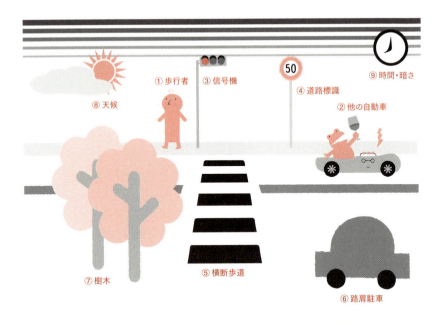

車は情報機器

「車」とはコンピューターにボディーとエンジンが付属した、情報機器と考えることができます。それは革命的な理念のイノベーションですが、自動車メーカーとして絶対的不可能というわけではありません。実際、日本の自動車メーカーは今までも「ボディーとエンジン」しかつくってきませんでした。今後は自動車メーカーの頭脳にはコンピューター会社の頭脳が必要となるでしょう（あとはセンサー技術）、すなわち自動車はロボットを目指すということになります。

「モノづくり」に入れ込みすぎて

実は日本はすでに出遅れており、Google は運転の周囲環境の AI 化（深層学習、ディープラーニング）にすでに一歩踏み出しています。アメリカでは車は「靴」であって高価な嗜好品やステータス・シンボルではないから、ドライにあまり社会的に遠慮することなく、かつ消費者の将来の便益ニーズに合わせて未踏のプロジェクトに踏み出せます。また、ドイツのフォルクスワーゲン、ボッシュも先行しています。

ちょうど、当初は何百年もかかると思われた無茶なプロジェクト「**ゲノム・プロジェクト**」も、予想外に早く成功で終わったのを思い出させます。ただし、ゲノム・プロジェクトは情報プロジェクトであることを忘れてはなりません。もっとも、そうした日本の情報科学の知識構成やアラインメント（諸領域との連携調整）も課題は多くあります。情報科学がコンピューター・サイエンス（ハードウェアおよびプログラミング）を中心の一つにすることは大切なことです。

自動運転は自動車機械文明の一大転機にもなるべき課題で、統計学、確率論、行動科学（心理学、認知科学、生物学、社会学など）を巻き込む一大総合的領域に発展していくことでしょう。

Key Word | *ゲノム・プロジェクト* ▶ 生物の遺伝子全体（ゲノム）の塩基配列を解読した大規模生物プロジェクト。ヒトゲノムの解析は 2003 年に完了。

CHAPTER

意思決定

ベイズ意思決定とシステム制御問題

> 事後分布を割り出すだけで
> 終わりというわけではありません。
> 大切なのは、自分の意思で
> 決める、ということです。
> 統計学は意思決定です。

サイバネティックスと意思決定

ベイズの定理は、事後分布を得たところでさしあたりの結果を与えますが、その後の利用のしかたはさまざまです。多くのベイズ統計学の本は事後確率で終わっていて、もう一歩の知恵を授けてくれていません。多くの人々は、ここで止まっていましたが、本来はそういうものではありません。

いくつかの本はこれを情報として意思決定（decision making）のための最適化に発展させていて、かつては**ベイズ意思決定**として、ベイズ統計学の主流の問題

Key Word　**ベイズ意思決定**▶ベイズ統計学を用いて意思決定を行う数理的手続き方式。統計的決定理論はその典型で、目的関数による最適制御はその発展。

であり、「統計的決定関数（statistical decision function）」と言われました。

ベイズ意思決定は現代において大変有用で、たとえばベイズ意思決定はシステムを常に理想状態に保つ「システム制御（system control）」まで扱うことができます。これはかつてよく知られたサイバネティックス、「自動制御」の考え方です。ただし、サイバネティックスは単純に「フィードバック」を本質部分として含みますが、今後はここが高度化したAIに置き換わると予想されます。

自動運転のベイズ制御

自動運転も、AIによって自動車をある理想的状態で運行・管理するシステム制御の問題です。ベイズ統計学によってそれを実現する基本要素はベイズ意思決定による制御です。ほんの初歩的、原理的説明ですが、皆さんにも、その極意を知ってもらいましょう。たとえばこう定義します。

状態	θ	θ_1：渋滞状態、　θ_2：順調状態
行動	a	a_1：20km、　a_2：30km、　a_3：40km
情報	z	z_1：高密度 、　z_2：中密度、　z_3：低密度
損失関数	L	θとaの関数L(θ, a)　（ペナルティー）
決定方式	d	zによってaを決めるルール（すべて）
事前確率	w	θ_1、θ_2に対するw_1、w_2
事後確率	w'(z)	zに基づく w_1'(z)、w_2 '(z)

課題例＝アクセル、　ブレーキへのフィードバック

交通が渋滞しているか順調走行か微妙ですが、渋滞しているなら速度（a）は抑えなくてはならず、高速にはペナルティー（L）が与えられます。順調なら低速では他車の妨げになり、かえって渋滞原因となります。交通が渋滞しているか順調走行かは、センサーからの周囲の単位時間あたりの交通量（z）が情報となり、下記の統計もあります。その情報をもとに交通量から速度を最適に決定したい。

時間は夕刻なので、渋滞の確率は高く、統計から確率は3分の2です。下記のペナルティーの表（損失関数）に基づき、交通量から最適速度を決める（自動的）ルールを定めます。これをアクセル、ブレーキにフィードバックします。

損失関数	a_1: 20km	a_2: 30km	a_3: 40km
θ_1: 渋滞状態	0	2	5
θ_2: 順調状態	5	2	0

交通量の情報	z_1: 高密度	z_2: 中密度	z_3: 低密度
θ_1: 渋滞状態	0.7	0.2	0.1
θ_2: 順調状態	0.2	0.3	0.5

まず、事前確率だけによる a の最適決定は、w_1、w_2 を w、$1-w$ と表して

a_1 に対して　$w \times 0 + (1-w) \times 5$
a_2 に対して　$w \times 2 + (1-w) \times 2$
a_3 に対して　$w \times 5 + (1-w) \times 0$

となりますので、下図のようになります。w の 0.4、0.6 が a_3、a_2、a_1 を取るべき範囲の境目になっています。

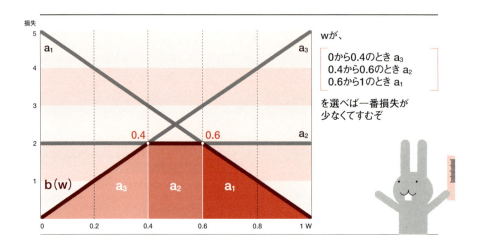

以上は事前確率による決定ですが、実際には交通量（z）の情報があるから、3通りのベイズの定理によって、zもz_1、z_2、z_3ごとに決まる事後確率に入れ代わります。情報zの出方の確率（下図）から、wを事後確率に読み替えましょう。

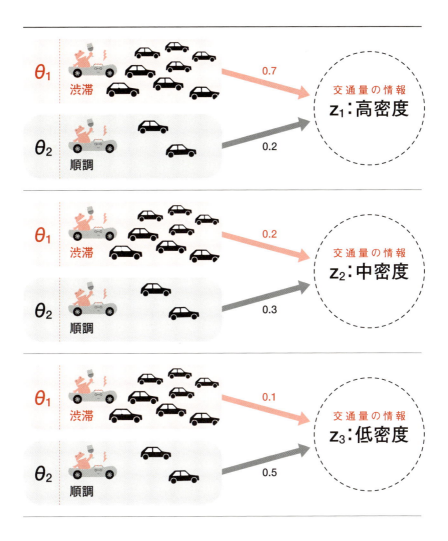

ベイズの定理を用いると、交通量の情報 z が、

z_1: 高密度を観測したとき

$$w' = \frac{(2/3) \times 0.7}{(2/3) \times 0.7 + (1/3) \times 0.2} \fallingdotseq 0.875$$

z_2: 中密度を観測したとき

$$w' = \frac{(2/3) \times 0.2}{(2/3) \times 0.2 + (1/3) \times 0.3} \fallingdotseq 0.571$$

z_3: 低密度を観測したとき

$$w' = \frac{(2/3) \times 0.1}{(2/3) \times 0.1 + (1/3) \times 0.5} \fallingdotseq 0.286$$

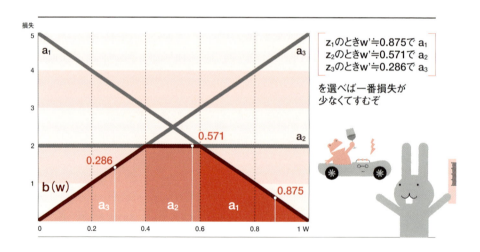

すなわち速度に関する自動運転ルール（速度）d*：（夕刻：w = 2/3 のとき）は
次の通り。

　　z_1 のとき　a_1　　（20km）
　　z_2 のとき　a_2　　（30km）
　　z_3 のとき　a_3　　（40km）

これを「ベイズ決定方式」あるいは「ベイズ戦略（Bayes strategy）」と言います。
「戦略」という言葉は、「最適の手」を意味するゲーム理論の用語です。これにし
たがって、アクセル、ブレーキにフィードバックすればいいのです。

＊ d の組み合わせをすべて考えると、非合理的なものも含め 3×3×3 ＝ 27 通りあります。

練習問題

走行速度の自動制御の問題（5-5、148ページ）で、午後2時前後（渋滞の事前確率がw=1/3、1-w=2/3）の時のベイズ戦略を求めよう。

【問1】

交通量の情報が
z_1: 高密度を観測したとき

$$w' = \frac{\text{❶} \times 0.7}{\text{❷} \times 0.7 + \text{❸} \times 0.2} = \text{❹}$$

z_2: 中密度を観測したとき

$$w' = \frac{\text{❶} \times 0.2}{\text{❷} \times 0.2 + \text{❸} \times 0.3} = \text{❺}$$

z_3: 低密度を観測したとき

$$w' = \frac{\text{❶} \times 0.1}{\text{❷} \times 0.1 + \text{❸} \times 0.5} = \text{❻}$$

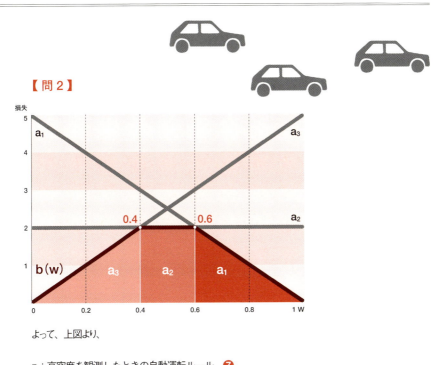

【問2】

よって、上図より、

z_1：高密度を観測したときの自動運転ルール ❼ _____

z_2：中密度を観測したときの自動運転ルール ❽ _____

z_3：低密度を観測したときの自動運転ルール ❾ _____

練習問題 解答

TRAINING 5-1
【問1】❶ 1/3 ❷ 1/3 ❸ 2/3 ❹ 7/11（0.636363……） ❺ 1/4（0.25） ❻ 1/11（0.090909……）
【問2】❼ a_1（20km） ❽ a_3（40km） ❾ a_3（40km）

CHAPTER

ベイズ統計学 まとめと発展

Bayesian Statics
Summary and perspective

CHAPTER

学習の心構え
統計学と人工知能の行き先

$\left\{ \begin{array}{c} \text{AIの時代だからこそ} \\ \text{人間は学ぶことが大切です。} \\ \text{近道はありません。急がばまわれです。} \\ \text{ネーミングやイメージにとらわれず} \\ \text{実質を伴った人となることが、} \\ \text{人間としての役割なのです。} \end{array} \right\}$

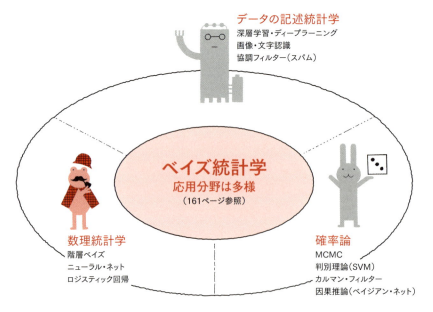

「風と桶屋」式では不可

統計学と聞いて数字の並びを思い出す人も多いですが、本書を読んだ皆さんなら、統計学（特にベイズ統計学）は「証拠の学問」であることを学んだと思います。

たまたまあることを偶然発見しても、そこに理由がなく根拠を与えられなければ、主張や言い分に説得力がなく刹那的になります。企業にいる人なら責任を全うできず、その場しのぎに終わり、持続的発展は難しいでしょう。忙しい時代だからこそ急がばまわれです。本書ではその心構えも伝えられたら、と思っています。

データさえあれば（しかもそれが「ビッグ」なら）何かあるだろうと考えることは、あながち間違っていませんし、そこから「何か」を発見できることはありえます。もっともそれは「風と桶屋」式の見かけの論理かもしれないし、そうでないかもしれません。単に一時的なことで、賭けのように「一発当てる」ことかもしれません。運よくそうなったとしても、元のデータが大きいから成功率は、宝島を探し当てるように低く、採算に合わず、投資効率もみじめなくらい低いことでしょう。いわば「水で薄めすぎた酒」のようなもので、見かけで実質を伴わないものは、いろいろな思いがけない問題のもとになります。やはり実質あるものには勉強の投資が必要です。それが納得できれば、投資効率の高いベイズ統計学を学んだ意味が生まれてくることでしょう。

理論のデパートメント・ストア

「AI」や「機械学習」「深層学習」は言うなればデパート名のようなものです。もともと department store は多くの個々の商店が、区分された一棟のビルに入居しているという流通の形です。さて、ここで個々の「商店」となる応用分野を見ると、多数の統計学、確率論が「商品」として出されており、それ以外のものはほとんどないことに気づくことでしょう。実際にベイズ統計学がどのような箇所に応用されているのか、その内容構成を表にしておきました（161 ページ）。

しっかりと個別の理論を学ぶ

たとえば、「ニューラル・ネットワーク」はセールス・トークとしてはいいネーミングです。しかし、それは多重化した「ロジスティック回帰」をそう形容しただけなのです。実際、ニューロン（神経細胞）が幾段にも平面的層をなして連なり、層の間をシナプスがつなぐという単純な（しつらえた）モデルは、およそ医学的実体とは異なります。ニューロンの集合体は、ひとかたまりの立体状をなしており、必ずしも層に還元できるような単純なものではありません。ニューロンも発火するだけではなく抑制（inhibition）の機能もあります。さらには自律神経の介入もあります。ですから「ニューラル」は実際とは何の関係もありません。統計用語です。

また、今は「人工知能」が「はやり」になっていますが、人間は「知能」だけで行動しているわけではなく、（動物としての）本能という概念もあります。アリストテレスは『政治学』において、アリ、ハチの集団行動に注目しましたが、これは本能を思わせます。同時に彼は人間に独特の「言語」を見出しました。すなわち、人間の判断や行動は［本能＋知能］という複合で説明されます。よい例として、災害時の人間の行動は、知能よりは集団的本能にしたがうと考えられますが、人工知能では、それをとても処理できないでしょう。

こう考えると、「AI」や「機械学習」「深層学習」に関する面白おかしい議論は読み物としてはいいですが、本質や真実に触れるところが多くありません。まずはしっかりと個別の理論を学ぶことが大切です。そのために、ベイズ統計学を学ぶことは、もっとも効率的で濃密な学び方なのです。

応用分野	理論
不確実性、リスク管理	事後確率、ベイズ更新
スパム・フィルタリング	事後確率の計算
協調フィルタリング・IR	事後確率と確率推論、ベイジアン・ネット
信号検出(工学、心理)	ベイズ判別理論
数値分析(生物、医学)	ベイズ判別理論
診断論理	ベイズの定理、事前確率、ベイズ因子
計量診断	ベイズ判別理論
統計的検定	統計的決定理論、ベイズ因子
統計的推定	統計的決定理論、損失関数
階層的ベイズ法	分散分析
確率論的因果推論	ベイジアン・ネット
経験的ベイズ法	正規分布、スタイン推定量
回帰分析	パラメーターに事前分布
ロジット、プロビット・モデル	パラメーターに事前分布、MCMC
テスト理論	事前分布、事後分布、ベイズ更新
カルマン・フィルター	正規分布のベイズ更新
薬効検定	二項分布、ベイズ逐次分析
区間推定	ベイズ信頼区間
情報理論	事前分布、事後分布、エントロピー
因子分析	潜在変数に事前分布、MCMC
パターン認識	ベイズ判別理論
MAP推定量	MCMC
制御問題	統計的決定理論、ベイズ更新、損失関数
ナッシュ均衡(ゲーム理論)	ベイジアン・ナッシュ均衡(情報不完備)
判別分析	ベイズ判別理論、事前確率
時系列予測(状態空間表現)	事前確率、ベイズ更新
不確実性下の意思決定	事前(主観)確率、統計的決定理論
認知的意思決定	事前(主観)確率の同定、キャリブレーション
モデル選択(情報基準論)	ベイズの定理、情報量
画像復元	ギブス・サンプリング(MCMC)

CHAPTER

研究課題
これからの興味や問題のために

ベイズ統計学には限りない
可能性があります。
私が興味をもって注視している
4つの研究課題について
簡単な範囲で紹介します。

ここまで読み進んできた人にはベイズ統計学がシンプルかつ明快で、身近に接しやすいものであると理解されたことでしょう。最初は完全に理解しないまま、読み進んだ箇所も、今のあなたなら読み返すごとに、ベイズ統計学への理解は高まっていくことでしょう。まるで「ベイズ更新」のように。本書もいよいよ終わりとなりますが、ベイズ統計学はここまでではありません。これからも生まれつづける、いろいろな興味や問題の推定や解決手段にベイズ統計学が関わっていくことでしょう。簡単にはなりますが私が注目している、4つのこれからの研究課題について紹介していきます。

レコメンド・サイト（おすすめサイトの機能）

原理的には、たとえばインターネット通販で衣類の「ワンピース」の購入者に対し、おすすめの「雑誌」が表示される機能のことです。ベイズの定理でワンピース購入者の年齢層を事後確率で計算し、その年齢層ごとの雑誌の購読率を加重平均し、そこから結果が最大になる雑誌をレコメンドします。有効な領域を絞っていくことで効果を発揮していきます（**協調フィルタリング**）。ただし、これを「気味悪い」とか「やりすぎ」と拒む人も少なからずいます。

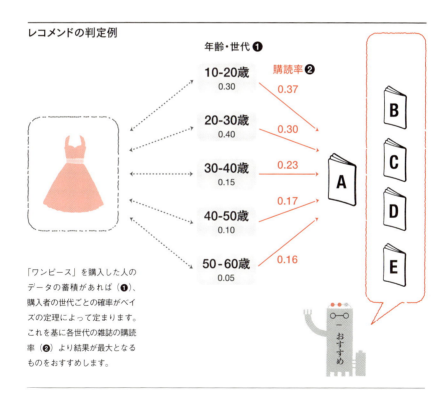

レコメンドの判定例

「ワンピース」を購入した人のデータの蓄積があれば（❶）、購入者の世代ごとの確率がベイズの定理によって定まります。これを基に各世代の雑誌の購読率（❷）より結果が最大となるものをおすすめします。

Key Word　**協調フィルタリング**▶その人とよく似た嗜好の誰かがあるモノAも好きならその人にもAを勧める論理で、購入あるいは閲覧した客体から嗜好の類似を選別するしくみ。

株式高頻度取引（High Frequency Trading、HFT）

株の取引処理、いわゆる「板情報」をシミュレートし、これをきわめて高速で超多数回実行しています。注文価格の入り方の膨大なデータからその分布をベイズ推定し、あとはベイズ更新でリアル・タイム処理をすれば、高速処理で競争者に優先できるかもしれません。通信速度が決定的要素になり、そのためには中間装置をはずした通信網（光ファイバー）を敷設までしているのです。世界的に話題になったドキュメント映画「Flash Boys」の世界です。

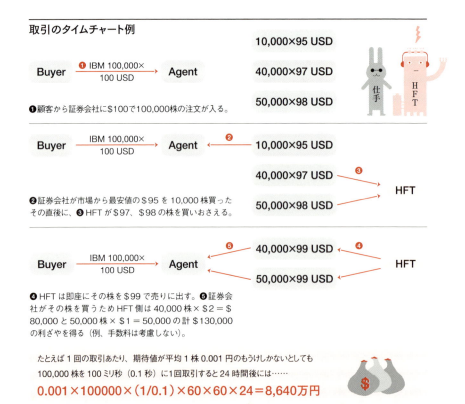

新薬開発、効果のエビデンス

新薬の開発にもベイズ統計学は用いられはじめています。新薬の効果率（対**プラセボ**）p を治験対象ごとに逐次ベイズ推定します（ベータ分布）。効果の有無（成功、失敗）によって、ベイズ更新でベータ分布が十分有利側に変われば、その時点で有効と判断されます。固定サンプル・サイズよりも人的負担が少なく、倫理的とされる評価があります。

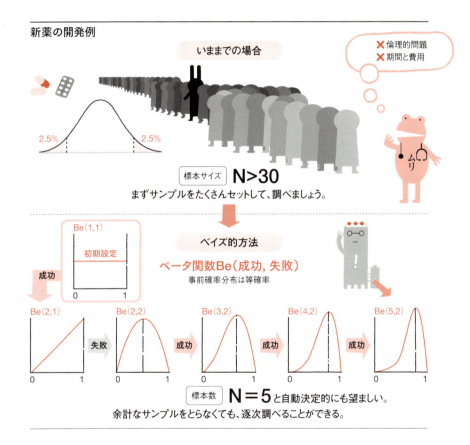

Key Word | プラセボ ▶ 有効成分を含まず外見のみ類似する無害な偽薬。薬剤摂取の心理的な治癒効果を測定し、新薬の治癒効果測定の基準とする。

遺伝子(大腸がんに対する遺伝子発現)

ゲノム編集など、遺伝子に関わる研究、開発にもベイズ統計学が結びついています。たとえば**プロビット回帰**によって、遺伝子発現量から大腸がんの発生を予測します。遺伝子数がきわめて大きいため、変数選択の基準が機能せず、混合した正規分布を用いる階層ベイズモデルを MCMC（マルコフ連鎖モンテカルロ）で実行します。変数選択される頻度で遺伝子が順序づけされます。

大腸がんと正常組織の違いを最も際立たせる上位50遺伝子

Veerabhadran Baladandayuthapani ―ほか(岸野洋久訳)「マイクロアレイの解析のためのベイズ法」
(繁桝ほか監訳『ベイズ統計分析ハンドブック』朝倉書店所収)

順位	遺伝子記号	遺伝子説明	頻度*
1	H08393	コラーゲンα2(XI)鎖	0.932
2	M19311	ヒトカルモジュリンmRNA	0.916
3	H17897	ATP、ADP搬送タンパク質、繊維芽同型	0.910
4	X12671	ヒトヘテロ核リボ核酸タンパク質遺伝子	0.892
5	R85558	無機ピロフォスファターゼ	0.872
6	control	制御遺伝子	0.848
7	H49870	MADタンパク質	0.832
8	T68098	α-1-抗キモトリプシン前駆物質	0.786
9	M16029	ヒトチロシンキナーゼコード化レトロmRNA	0.756
10	T57079	高親和性免疫グロブリンgFc部レセプターIA型	0.738
		(中略)	
45	X55177	ヒトエンドセリン2ET-2mRNA	0.254
46	H89092	ヒト17-β-ヒドロキシステロイドデヒドロゲナーゼ	0.252
47	R39681	ヒト真核生物開始因子4g	0.252
48	M55422	ヒトクリュッペル関連ジンクフィンガータンパク質(H-plk)mRNA	0.234
49	L34840	ヒトトランスグルタミナーゼmRNA	0.224
50	X69550	ヒトグアノシンジフォスフェート(GDP)分解阻害因子1mRNA	0.220

*原論文シミュレーション参照
医学用語の日本語訳は『ステッドマン医学大辞典』(メヂカルビュー社)による直訳。

Key Word | プロビット回帰 ▶ シグモイド関数に標準正規分布の累積分布関数を用い、独立変数の線形関数を入力とし、出力に確率を返す多重非線形回帰。

TRAINING 6-1

LESSON

次の課題について、自分の意見をコメントしてください。賛否いずれでも結構ですが、根拠や判断理由を述べてください。当然「答え」はありません。考えつづけることが大切です。

【問1】 レコメンド機能について

インターネットのレコメンド機能によって、自分の好きな物や事柄の情報に囲まれてしまい、「新しいもの」や「受け入れられないもの」への挑戦や許容の心が薄れてしまう。

❶ _____

【問2】 株式高頻度取引（HFT）

IT技術によって、競争者を「速さ」で出し抜く方法は、経済取引の健全性を損なう。

❷ _____

【問3】 新薬開発

事前分布の取り方で、結論が変わるようなベイズ的方法は、間違いがあってはいけない医療のような分野では断じて認められない。たとえ時間と費用がかかっても従来通り、必ず一定数の被験者を揃えるべきである。

❸ _____

【問4】 遺伝子発現

ガンになる可能性の高い遺伝子を保持する人がわかれば、結婚や就職への差別、保険加入への拒否などの弊害に通じるため、遺伝子の研究は望ましくない。

❹ _____

おわりに

どうでしたか。一読してみて、半分以上思い当たればまずは理解度としては
パスとしましょう。半分以下でも、なるほど「ベイズ統計学」とはこういう
感じのものかとか、習った統計学とはだいぶ違うなとか、あるいはずいぶん
確率を使うなとか、なるほどここで AI とつながるななど、とにかく楽しん
でいただければ、私としての喜びです。

現在「データ・サイエンス学部」と言われる構想があちらこちらで進んでい
ますが、時流にも見えます。しっかりした学問的な統計学理論がないままで
は「はやり」や大学経営の窮余の一策に終わりかねません。統計学は決して
大量、高速の効率的データ処理学ではなく、それではあまりにも学生にとっ
て空しくかつ社会的にも危険です。

その中で着実な統計学の新学部構想モデルを提案してくれたのは聖学院大学
の専門的職員であった栗原直以さんです。栗原さんは優れたプロモーターと
して、この本の方向づけを的確に提案してくれましたが、その構想の学問的
意義は将来的にも大きいものです。ここで深い謝意を表するものです。

では読者の皆さんのご多幸を祈ります。

エルサレム、城壁の前にて　松原　望

推奨ソフト

ベイズ統計学の分野でも、データの丁寧な基本的記述分析が必要であり、これを抜いた分析はありえません。それはＡＩでも機械学習にも言えることです。基本的にはエクセルで十分ですが、統計ソフト「R」もおすすめです。RはCRANのホームページで最新バージョンが無料ダウンロード、インストールが可能です（https://cran.r-project.org/）。Rは環境設定がやや難しく、コーディング・ミスにも敏感ではあります。また、コマンド・ジェネレーター化されたNTT Data（http://www.msi.co.jp/）のVisual R Platformなどもおすすめできる1つです。こちらは有料ですが、お試し期間内の無料使用も可能です。ベイジアン・ネットワークとしては同社のBayoLinkも使い勝手のよいものです。

さくいん

A
AI…014, 054

B
Bayes strategy…153
BAYSEM…102
BETA.DIST…084
birthwt…114

C
Conditional Driving
　Automation…145

D
Driver Assistance…145

F
Full Driving Automation
　…145

G
GAMMA.DIST…092
Gibbs Sampler…101

Global Positioning System
　…130
Google…147
GPS…130, 133
GPS衛星…133

H
HFT…164
High Driving Automation
　…145
High Frequency Trading
　…164

I
IBM…112
Internet of Things…111
IoT…111
Iris…117

J
JAGS…102

K
Kalman gain…140

L
LDA…124

M
MAP推定量…161
MCMCサンプリング…101
MYCIN…112

N
n次元正規分布…119
navis…130
No Driving Automation…145
NORM.DIST…095
NORM.S.DIST…068
NTT Data…169

P
Partial Driving Automation
　…145
petal…118

R
R(統計ソフト)…114, 169

S

SAT…100
Scholastic Assessment Test
　…100
Self-Organizing Map…123
sepal…118
setosa…118
SOM…123
SVM…055, 125
system control…149

V

versicolor…118
virginica…118
Visual R Platform…169

W

WINBUGS…102

あ

アイリス・セトーサ…117
アイリス・バージニカ…117
アイリス・ベルシカラー…117
アクセル…149
あやめ…116, 118
意思決定…148
イノベーション…140, 147
因果関係…107
因子分析…161
運転者補助…145
運転の自動化なし…145
運動方程式…134
エクセル…011, 050, 169
エチル・アルコール…123
エビデンス…064

か

回帰分析…161
階層…099
階層的ベイズ法…161
階層モデル…098
灰分…123
灰分のアルカリ性…123
外乱…135
化学成分…122
がく片…118

確率…014, 020
確率分布…065
確率分布モデル…072, 074
確率論…055, 158
確率論的因果推論…161
画像復元…161
株式高頻度取引…164
花弁…118
カルマン・フィルター
　…130, 138, 161
カルマン利得…140
カルマン、ルドルフ…138
関数…050, 058
完全運転自動化…145
ガンマ分布…091
記述統計学…158
期待値…023, 072
ギブス・サンプラー…101
教師あり学習…080, 118
協調フィルター…158
協調フィルタリング…163
極限分布…102
クエリ…114
区間推定…161
組み合わせ…075
グリニョリーノ…123
経験的ベイズ法…161
計量診断…161

ゲーム理論…161
ゲノム・プロジェクト…147
ゲノム編集…166
高カルシウム血症…113
抗酸化剤…123
高精度パターン認識…067
高度運転自動化…145
誤差…134, 138
昏睡…113

最適化数学…055
サイバネティックス…137, 148
サポート・ベクター・マシーン
　　…067, 125
サンプリング誤差…096, 135
色彩度…123
色相…123
シグモイド関数…056, 060
時系列予測…161
刺激…058
事後確率…035
自己組織化マップ…123
事後分布…072, 086
支持超平面定理…125
指数関数…057, 076
システム制御…149
事前確率…032, 037

自然対数…062
事前分布…073, 082
自動運転…138, 144
自動制御…149
シナプス…160
シャーロック・ホームズ…108
条件付運転自動化…145
条件付き確率…030
定跡…018
ショートリス, エドワード…112
状態空間…137
状態空間表現…137, 161
情報理論…161
常用対数…062
神経細胞…161
信号検出…161
人工知能…014, 054
シンギュラリティ…015
深層学習…067, 117, 147
診断論理…161
信頼区間…096
数値分析…161
数理統計学…158
スティミュラス…058
スパム・フィルタリング…161
スマートフォン…133
正規分布
　　…065, 077, 080, 094
正規母集団…096

摂動…135
全確率…034
線形判別分析…124
損失関数…149

———
た

対数…062
対話形式…112
多項ロジット分析…019
知識ベースシステム…112
壺と玉の問題…036
ディープラーニング
　　…067, 117, 147
データ・サイエンス…106
データベース…114
テスト理論…161
転移性腫瘍…112
統計学…055
統計的決定関数…149
統計的検定…161
統計的推定…161

———
な

ナウィス…130
ナッシュ均衡…161
ナビゲーション・システム…130
二項分布…075, 079

ニューラル・ネットワーク
　　…057, 67, 160
ニューロン…160
認知的意思決定…161
ネッビオーロ…123

は
ハイアラーキ…098
ハイパー事前分布…100
ハイパー・パラメーター…100
パターン…116
パターン認識…161
パラメーター…074, 078
バルベーラ…123
反応…058
判別分析…122, 161
ビッグデータ…106
必須アミノ酸…123
非フラボノイド…123
ヒューマン・エラー…135
標準偏差…095
フィッシャー、ロナルド…041
フィードバック…149
フォルクスワーゲン…147
フォン・ノイマン、ジョン…027
不確実性…161
不確実性下の意思決定
　　…161
部分的運転自動化…145

不偏推定量…139
プラセボ…165
フラボノイド…123
ブレーキ…149
プロアンセノール…123
プロビット回帰…166
プロビット・モデル…161
プロリン…123
分光学的特性…123
分散…088, 095
分離超平面定理…125
平均血圧…099
ベイジアン・ネット…107
ベイズ意思決定…148
ベイズ決定方式…153
ベイズ更新…031, 051, 072
ベイズ推論…090
ベイズ戦略…153
ベイズの定理…031, 072
ベイズ判別…067, 116, 120
ベータ分布…083
ペナルティー…149
ベルトコンベアー…132, 134
ポアソン分布
　　…076, 079, 090
母集団…098
ボッシュ…147
ポリフェノール…123

ま
マグネシウム…123
マクロ経済…132, 136
マルコフ連鎖…102
マルコフ連鎖モンテカルロ
　　…101, 166
モデル選択…161
モンテカルロ・シミュレーション
　　…102

や
薬効検定…161
有向非巡回的グラフ…110
尤度…033, 072
四つの署名…108

ら
ライン式生産…132
乱数…101
リスク管理…161
リンゴ酸…123
レコメンド・サイト…163
レスポンス…058
ロイヤル・ストレート・フラッシュ
　　…025
ロジスティック回帰…160
ロジスティック関数…057

173

参考書籍

『松原望統計学』松原望、東京図書、2013

『ベイズ統計入門』繁桝算男、東京大学出版会、1985

『ビッグデータの正体』ビクター・マイヤー=ショーンベルガー、ケネス・クキエ著、斎藤栄一郎訳、講談社、2013

『統計学入門』東京大学教養学部統計学教室編、東京大学出版会、1991

『ベイズ統計学入門』渡部洋、福村出版、1999

『完全独習ベイズ統計学入門』小島寛之、ダイヤモンド社、2015

『よくわかる人工知能　最先端の人だけが知っているディープラーニングのひみつ』清水亮、KADOKAWA、2016

『統計応用の百科事典』松原望ほか編、丸善出版、2011

『人工知能はどのようにして「名人」を超えたのか?』山本一成、ダイヤモンド社、2017

『身につく　ベイズ統計学』涌井良幸、涌井貞美、技術評論社、2016

『Chainerによる実践深層学習(ディープラーニング)』新納浩幸、オーム社、2016

『そろそろ、人工知能の真実を話そう』ジャン=ガブリエル・ガナシア著、伊藤直子、小林重裕ほか訳、早川書房、2017

『ゲノム　命の設計図(東京大学公開講座)』東京大学綜合研究会編、東京大学出版会、2003

「現代思想」2014年6月号(特集:ポスト・ビッグデータと統計学の時代)青土社

『図解入門よくわかる最新ベイズ統計の基本と仕組み』松原望、秀和システム、2010

『Rで学ぶ多変量解析』長畑秀和、朝倉書店、2017

『人間に勝つコンピュータ将棋の作り方』コンピュータ将棋協会監修、瀧澤武信ほか著、技術評論社、2012

『状態空間モデリングによる時系列分析入門』J. ダービン、S.J. クープマン著、和合肇、松田安昌訳、
　　シーエーピー出版、2004

『ディープラーニングがわかる数学入門』涌井良幸、涌井貞美、技術評論社、2017

『理科年表　第83冊(平成22年)』国立天文台編、丸善、2009

『ベイズ統計分析ハンドブック』D.K.Dey、C.R.Rao編、繁桝算男ほか監訳、朝倉書店、2011

「よろん」日本世論調査協会(JAPOR)、会報

『異端の統計学ベイズ』シャロン・バーチュ・マグレイン著、冨永星訳、草思社、2013

『Bayesian Approaches to Clinical Trials and Health-Care Evaluation』David J. Spiegelhalter, Keith R. Abrams,
Jonathan P. Myles, Wiley, 2004

『Bayesian Data Analysis』Andrew Gelman et al., Chapman & Hall/CRC, 2004

『Multivariate Statistical Methods』Donald F. Morrison, Duxbury Press, 2004

『Optimal Statistical Decisions』Morris H. DeGroot, McGraw-Hill, 1969

『Subjective and Objective Bayesian Statistics』S. James Press, Wiley-Interscience, 2003

著者略歴	松原望 まつばら・のぞむ
	1942年東京生まれ。1966年東京大学教養学部卒業、スタンフォード大学大学院統計学博士課程修了（Ph.D.）。文部省統計数理研究所研究員、筑波大学社会工学系助教授、東京大学教養学部教授、東京大学大学院総合文化研究科・教養学部教授、上智大学外国語学部教授を経て、聖学院大学大学院政治政策学研究科教授、東京大学名誉教授。著書『統計学入門（基礎統計学Ⅰ）』（東京大学教養学部統計学教室編、東京大学出版会）、『入門確率過程』『入門統計解析』『入門ベイズ統計』（以上、東京図書）、『図解入門よくわかる最新ベイズ統計の基本と仕組み』（秀和システム）、『社会を読み解く数学』（ベレ出版）、『ベイズの誓い』（聖学院大学出版会）など多数。
イラスト・カバーデザイン	小林大吾（安田タイル工業）
紙面デザイン	阿部泰之

やさしく知りたい先端科学シリーズ1

ベイズ統計学

2017年12月20日　第1版第1刷発行
2021年 3月10日　第1版第3刷発行

著　者	松原　望
発行者	矢部敬一
発行所	株式会社 創元社
本　社	〒541-0047 大阪市中央区淡路町4-3-6 電話(06)6231-9010(代)
東京支店	〒101-0051 東京都千代田区神田神保町1-2　田辺ビル 電話(03)6811-0662(代)
ホームページ	https://www.sogensha.co.jp/
印　刷	図書印刷

本書を無断で複写・複製することを禁じます。乱丁・落丁本はお取り替えいたします。
定価はカバーに表示してあります。
©2017 Nozomu Matsubara Printed in Japan ISBN978-4-422-40033-4 C0340
JCOPY〈出版者著作権管理機構 委託出版物〉
本書の無断複製は著作権法上での例外を除き禁じられています。
複製される場合は、そのつど事前に、出版者著作権管理機構（電話 03-5244-5088、FAX 03-5244-5089、e-mail: info@jcopy.or.jp）の許諾を得てください。

本書の感想をお寄せください
投稿フォームはこちらから ▶▶▶

好評既刊

やさしく知りたい先端科学シリーズ2
ディープラーニング
谷田部 卓 著

ゼロからはじめる機械学習の基本早わかり。AI、人工知能の爆発進化の鍵となる基本理論と実例をイラスト図解。プログラミングの知識がなくてもわかる、最もやさしいディープラーニング入門。

やさしく知りたい先端科学シリーズ3
シンギュラリティ
神崎 洋治 著

その先は楽園か、滅亡か。一挙紹介、AIが超人類となる日。ゲーム、画像認証、会話、自動運転、農業、医療介護。AI（人工知能）やロボット技術進化の現在と近未来を写真・イラストで解説。

やさしく知りたい先端科学シリーズ4
フィンテック FinTech
大平 公一郎 著

導入する人も、利用する人にも、ゼロからわかる金融サービス革命。スマートフォンによるキャッシュレス決済をはじめ、仮想通貨、ロボアドバイザーなど、その実例やしくみをやさしく図解。

やさしく知りたい先端科学シリーズ5
デジタルヘルスケア
武藤 正樹 監修／遊間 和子 著

ICTを活用したヘルスケアデータ管理や遠隔治療、手術や介護をサポートするロボットなど、超高齢化社会の切り札「デジタルヘルスケア」の実例やしくみをやさしく図解。

やさしく知りたい先端科学シリーズ6
はじめてのAI
土屋 誠司 著

そもそも人工知能とは何か、どういう歴史を歩んできたのか、どういった問題や課題があるのか、そして私たちの生活にどのような影響を与えるのか。教養としてのAI入門。

やさしく知りたい先端科学シリーズ7
サブスクリプション
小宮 紳一 著

話題のビジネスモデル「現代型サブスクリプション」の隆盛を支える消費志向の変化や物流の進歩、デジタル技術の活用などを、イラストや図版を使ってやさしく解説。

各巻：A5判・並製・144～192ページ・定価（本体1,800円＋税）